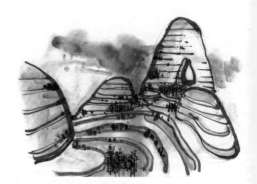

高山流水　探索明日
之城卅圖集成詠
山水之城、山之為城
牆之為城、丘陵圍
束、垂直街坊、城
上之城、山水城市
倒置城市、山影之
城、地鐵上城等凡
十項　壬辰仲春識

图书在版编目（CIP）数据

高山流水——探索明日之城 / 戴志康. 陈伯冲. --

上海：同济大学出版社,2013.6

ISBN 978-7-5608-5165-5

Ⅰ.①高… Ⅱ.①戴… ②陈… Ⅲ.①城市规划-研究

Ⅳ.①TU984

中国版本图书馆CIP数据核字(2013)第107763号

高山流水——探索明日之城

著　　作：戴志康　陈伯冲
出版策划：萧菲菲(xff66@yahoo.com.cn)
责任编辑：陈立群(clq8384@126.com)
装帧设计：陈益平
责任校对：徐春莲
出　品：支文军

出版发行　　同济大学出版社　www.tongjipress.com.cn
　　　　　　（地址：上海四平路1239号 邮编：200092 电话：021-65985622）
经　　销　全国各地新华书店
印　　刷　上海锦良印刷厂
成品规格　190mm×240mm,　232P
字　　数　300 000
版　　次　2013年6月第1版　　2013年6月第1次印刷
书　　号　ISBN 978-7-5608-5165-5
定　　价　148.00元

戴志康　陈伯冲　著

高山流水

——探索明日之城

同济大学出版社

鸣　谢

感谢证大房产的全体高管们对研究院工作的全力支持，使研究工作得以深化、落实。

感谢黄连友君，正是和他的切磋交流，增进了本书的成型。

感谢同济大学出版社的陈立群君，以难得的热情和专业精神，策划本书的出版工作。

感谢证大建筑研究院和浦慧设计的全体同仁，尤其是齐威同志，从无形的思想变成有形的图像呈现，其中凝聚了我们集体的智慧、专业水准和敬业精神。

戴志康
陈伯冲
2013年4月3日

目　录

前　言

近两年来，日益频繁的雾霾困扰，让我们觉得好像整个生活都是灰色的。但是我也发现，每当我们忽然遇到阳光明媚、碧空万里时，又会觉得这个世界还是很美好的。太阳升起，太阳落下，"天地有大美而不言"（庄子语），阳光造化了世间万物，也哺育了气象万千的自然美景。正是这美景的存在，让我们透过雾霾的间隙，始终心怀未来的希望。

天地之间是人的世界。人在世上活动，这现实世界有可能变美，也可能变得不美。最初是"自然"就在那里，人不去碰它，它也是自在的美景；人如要出世，避居自然，就像陶渊明那样，会有"采菊东篱下，悠然见南山"，而这种田园之美已有了人工痕迹，但也仍旧是美景；后来再进一步，有了气韵生动的山水画卷，更有了精营巧构的园林，这是纯人工建造出的诗化美景。但是，人的活动也会造成另一种极端状态，混乱丑陋的现实世界。面对雾霾弥天的日子，审视当下这个世界，我就会想，过去那种从田园诗、山水画到中国古典园林的诗化美景，是不是一去不复返了？我们的美好梦想，是不是只能到来世的"极乐世界"里去寻找？

当下重提的"中国梦"，对于我们城市建造者来说，美好城市家园的梦想，是不可能在雾霾下呈现的，也不可能到来世极乐世界里去找寻。中国的传统哲学精神告诉我们：我们只有当下这个世界，而没有另外的世界。要实现美好的梦想，就必须修好当下。修好当下，就是修好我们唯一的心，来建设诗化美景的现实城市。就像西方曾有哥特式、包豪斯的模式，我们要有中国式的"高山流水"。

"高山流水"的概念，是我们经过十多年的思考实践，在最近两三年发展成熟的。它的精神，是我过去在收藏中国画过程中悟出的，千年来文人们追求的理想画境，出神入化地宣泄在宣纸上，这些东西始终在诱导着我。也可以说是从中国传统中的写意诗化生活和当代现实生活中提炼出来的。比如苏州园林、江南的小桥流水，把这种私家宅院、小桥流水的精神，放在当下的高楼时代里，就是"高山流水"。我们追求的是中国文化的精、气、神在当代城市建筑中的理想呈现，它要以更环保低碳、自给自足、更人性化的强大服务功能、更为互动的内外空间，将大景致、大意象和人人皆可分享的公共生活空间理念充分落实，进而承载一种诗化的当代理想生活，让高山流水成为中国梦的一部分。同时它也是对钱学森的"山水城市"理念的当代应和。

　　我们是在边跑工地边思考的状态下，研究未来城市的可能性，因此，我们的思考未必全面、难免挂一漏万。我们会在不远的将来，呈现给大家更加完整的成果。今后，我们不但会在国内精心打造好"高山流水"，还会把它推到海外去（比如南非），让它为更多的人群所分享。同时，我们也期待社会各界为实现这个梦想添砖加瓦。

　　陈伯冲是我的发小。我们在一个中学读书，一起考上大学。他在清华读建筑，我在人大读金融。后来他做了建筑师，我下海创办了企业。有很多年，我们都是在孤独地走着各自的寻梦之路。直到我进入房地产领域，我们才终于一起在各种项目开发过程中去落实我们共同的梦想，彼此都有一种找到了知音的感觉。我们希望能够继续深化这样的探讨，让梦想成为现实。

戴志康

2013年4月11日于上海

微型城市：从垂直的建筑到垂直的城市

壹

这是1995年发生在船上的一幕：轮船开进黄浦江，一位大概是了解上海规划的40来岁的男人，用一半普通话，一半上海话，向他的同旅朋友，大声介绍浦东的未来。他指着当时还是大片天空的浦东比划着说，这里将是金茂大厦、这里是某某大楼、那里是什么什么大厦、未来是金融中心，等等。由于那时，只有那个468米的电视塔造好了立在那里，空旷得很！看不出尺度来，从江上看过去，显得"身子高腿短"。而他的"免费介绍"，听上去就像是在"话空话"！

当然，20年后的今天，大家知道，眼前高楼林立的陆家嘴，证明他一点也没有胡说。

实际何止是陆家嘴，整个浦东，整个上海，乃至全国各大城市，又何尝不是如此，"高楼万丈平地起"呢！

这奇迹般的一切是怎么发生的？用国家层面的说法，就是八个字：改革开放、市场经济。城市建设层面，核心的就一条：启动的房地产开发。关键做法就两条：土地的有限期出让使用权（实际是长期租赁）、银行信贷改革配套。前者，解决国有土地的资本化流通，后者解决资本的流动性。由此，巨大的、潜在的需求得到激发，引发轰轰烈烈、声势浩大的房地产牛市和城市建设的高潮。

回首来观察我们30年尤其是近20年的城市建设，这速度是世界第一；这规模和成绩，也是世界奇迹。外国朋友常常惊讶地对我说，中国发生了巨变！二三十年，在历史的长河中，简直就是一晃而已。可想而知，这一切发生得多么匆忙！同样可想而知，快速建设会有多少需要亟待我们反思、改进和提高。快速的城市化，已经导致了环境污染、人口爆炸、房价高起等一系列的城市问题需要我们面对。因此，回顾和展望，理应是我们城市建设者的工作。只有这样，我们才会有沉淀，有前瞻，准备未来的30年。

贰

　　快速发展的城市建设所产生的种种问题，究竟是如何产生的？只有摸清问题的源头，才能找到解决的方法。我们以为，这源头来自城市建设中显现的和潜在的基本规则。这些规则，包括城市规划基本理论、城市规划管理的技术措施、房地产开发的政策等在制度制度和运作层面形成城市建设的模式。当今"大楼城市"的模式正是其有形的呈现。

　　首先是指导我们实践的城市规划理论。我们的规划理论，来自"功能分区"的理论。功能分区，来自西方工业革命前后管理思想。由于早期工厂的污染，必须和城市这些和生活区分开，并通过分区和专业化，提高生产效率的管理模式。分工、分区、城市分区等，正是日后城市规划"功能主义"的滥殇。

　　城市规划的功能主义，不仅反映在城市在平面图上的功能分区分布，也渗透到土地性质的功能定位。比如：工业用地、商业用地、居住用地等。同样是土地，但是功能定义不同，结果大不相同，影响深远。

　　这就是说，城市管理模式决定了我们的规划。政府出于对土地管理的有效和方便，借助于城市规划及其细化的控制性详细规划，将土地用道路，切成小块，标上用地性质以及控制性的规划设计条件清单。这便于标价出售，也便于以此进行"售后服务"（当然是售后管理）。这些提供给下位建筑设计单位的"规划设计条件"，是量化的指标。就好比某某商品的规格、型号一样的使用说明。对建筑设计来说，这好比大学里的"必修课"一样，难以融通。

　　有必要加以说明的是，在每一出让的土地上的"规格"之外，每个城市的建设操作，都有包括日照计算标准、停车率、人防等全国性的以及地方性的建设规范。这些规范是作为"公共必修课"，每个建设者都必须执行的。这也是为了城市建设的有效管理。

对于获得土地的开发商来说，他就开始围绕这这份清单进行"命题作文"。开发商作为资本的管理者、资本的代言人，他追求的是利润的最大化。这符合资本的先天逻辑。如此，经过开发商的一番策划、设计、建造，土地被加工成房子，向市场销售，从中获利。在开发商的运作这一环节，资本就是导演，相关事情和相关的人员（包括日常管理、建筑师、策划师、销售人员等），都是道具或者演员。因此，结果必然是：我们的城市是由资本造就、也是被资本控制的城市。

因此，在政府的管理和开发商的管理两个层面，我们无法做到量化管理以外的城市品质的"精细化管理"和"动态管理"，尤其无法考虑"人文管理"。这一切发生得那么合情合理，以至于几乎是常识。尤其是要启动城市建设、改善城市环境、增进居民生活，我们需要建设的效率和速度、管理的简便和有效性。没有这些统一的基本设置，或说"游戏规则"，城市建设要么产生混乱，要么根本就搞不起来。

叁

尽管这一切有历史阶段的合理性和必然性，但是这不等于就是我们的未来。

管理便利和资本导向的城市建设，造就了眼前的大楼城市。尽管我们对土地资源的紧缺有所认识，对城市规划中，单位公顷的建筑面积（即容积率）指标设定得不低（市中心约3.0～4.0不等），但是，大楼模式，把大楼往空中发展，建造大量的垂直建筑（高楼），但是这并不等于造就真正意义上的集约化的"紧凑"城市。高密度不等于紧凑。垂直的建筑，只是数量上增加容积率，并不在质量上，提高城市运营的效率。

这是因为当今城市运营模式本身不是集约化的。比如，一个开车上班的员工，他在自己的住宅区，必须拥有一套住宅，它还得有一个停车泊位；第二天开车上班，家空在那里，到了公司上班，还得有一个泊位。办公室，昨天晚上是空着的。工作的8小时，是使用了办公室；工作结束了下班时，办公室又空了，去奔向那个空着的家。这是一个人、一个家庭围着居住、工作两个地方的不断填空的运动。而在生活中的其他活动，比如购物、娱乐、休闲等"八小时外"的活动，他又得开车去商场，去娱乐场所，去公园，等等。他必须围着城市的不同的功能转。增加了通勤的时间、增加了尾气的污染、提高了生活成本。因此，垂直高楼大厦组成的城市，是功能离散的城市。随着生活水平的提高，包括居住面积的扩大，城市服务功能的丰富化，汽车的普及，等等，城市总体上是不断膨胀的，大城市的不断蔓延在所难免，资源消耗和生态上的不可持续的问题无法得到有效的解决。

当然，上述大楼城市的生活规则，隐藏着人性化失却的问题。城市在不断的膨胀，环境质量每况愈下。堵车，是大城市的通病，以至于在大城市一天办不了多少事情，大量的时间、精力都消耗在路上。在上海、北京这样的大城市，上下班单程消耗一小时以上的，大有人在。大楼城市，是人围着城市规划转，城市规划围着管理模式转，管理模式随着资本转。是城市设计了我们的生活，我们被城市设计！面对庞大无比又坚硬无比的城市物质，人们只能无奈、疲于奔命、被动地承受。

可是，我们为什么不能反过来思考，让城市为生活服务，而不是生活围着城市转？城市是否可以按照人们的生活来规划、来设计呢？具体说，我们为什么不可以规划、设计功能复合的建筑？为什么不可以把人们生活所需的功能就近甚至复合布置，以致大量日常生活，就能在一个综合体中甚至是楼上楼下就方便地达成？

显然，困难还是在于城市建设的规则。是这个规则决定了一切。所有开发，无法提供超越规则规定的产品。

举例说，不同的用地性质决定了社会无法提供功能复合的建筑产品，比如白天办公晚上居住、办公居住混合使用这种多功能的模式；然而这种"不可能"的模式，却可以提高建筑的使用率，公司甚至可以为到大城市打拼的年轻人提供短期的"住宿"。

再比如，现行建筑规范和规程，规定了建筑物的基本尺度和功能构造，就是说，规范和规定，只能生产出我们所说的"大楼"。因此，城市规划，它的潜在逻辑单元，就是一个个互相割裂的、大大小小的大楼。建筑师们，则绞尽脑汁，不断翻新这些大楼的外立面造型，变换花样。这就是大楼城市的来源和必然的宿命。因此我们很难看到比如长度和宽度超越规定的建筑。100米以下的大量高层建筑，其建筑面积也就是大约5万～6万平方米。更多的城市建筑，也就3万～4万平方米。至于少量超高层建筑，其面积可以达到30万平方米以上。但是，这是绝少数。

现行规范，使我们难以想象，面积达到50万平方米甚至100万平方米的巨型构筑。因为它们是不会被"报批通过"的，因而也是不能去想的。规则规定规划、规划规定单体，然后审批这些单体，这有点像某种"循环论证"，颠扑不破。然而，这类巨型城市构筑，却是高度集合、功能高度复合的做法，可能是最经济、高效、最环保，节省大量不必要出行，具备就近性的建筑。

肆

大楼城市，除了上述生活意义上的问题外，潜在地还存在在着深层次的文化问题。我们知道，在我国现代化早期，我们要解决的是有无问题。量的问题压倒了精神、文化问题。但是随着量的满足，精神需求和文化需求就成为下阶段凸显的问题。

目前，我国总体上已经不是住房短缺的国家。上海市，户籍人均住宅面积已经达到30多平方米，这已经是中等发达国家的水平，在中国这样人多地少的国度，这已经是很大的数字了！我们的问题，不是总量的问题，而是总量内部的分配不均、户型分布不尽合理，以及新增年轻人的增量问题。这需要通过政策和城市管理来协调。

面对现行城市建设的游戏规则、城市规划管理的模式，我们必须要认识到，技术在发展，人们的生活水准在提高，审美、精神也在不断提升。人民的需求在改变、发展。以往，大家只能被动接受，但在未来则未必。这就是说，市场在变化，如果我们必须用"市场"这个词的话。我们必须考虑的是，过往的城市房地产开发的整套做法是否还能长期维持下去？人们未必还会像以往那样热捧大楼城市模式的产品。因此，展望未来，不改革，恐有被市场抛弃之虞。旧话说，人无远虑，必有近忧。我们需要考虑未来，为未来的市场，提供所需的产品。

可持续、未来、文化、精神，听起来视乎是很遥远而又很虚的事情。但是如果察看一下我国大的历史进程，就不会觉得遥远。这里需要做个简单的归纳：

自1911年清王朝崩塌，辛亥革命成功，帝制废除，1926年北伐，1937年开始8年抗战，直至1949年建立新中国，这40年的基本主题是"军事立国"：中国终于基本统一、成为独立自主的国家。

自1949-1978年这30年，包括十年"文革"弯路，都是在探索全新的"社会主义"制度，或可称为"政治立国"：摸索合乎中国的政治、社会、经济体制。

自1978-2010年这30来年，通过改革开放、建立社会主义市场经济体制，大搞经济建设，并终于使中国经济总量超过日本，成为第二大经济体。此或可称之为"经济立国"。

我们相信，未来的30年，我们的主题，一定是"文化立国"，当然，中国在经济上必定会成为世界第一大经济体。也就是说，我们会以"文化中国"，成为真正的大国、强国，像古代中国曾经的那样，领跑人类文明。文化立国，当然包括了政治、经济、军事各个层面的综合显现。这才是民族复兴的真正含义。

文化立国，最全面有形的体现，就是城市文化的繁荣。城市建设离不开这样的上下文。事实上，真正城市建设中的种种问题，随着科学发展观、改变经济增长模式等政策转向，已经促使我们重新思考过往的建设模式。我们不可能在下一建设周期，重复上一阶段的模式，因为它在生态和文化各个方面必须找到可持续的模式。

我们的城市该往何处去？规划和建筑领域，已经有大量对城市建设的提醒、意见和反思。大学研究机构中突出的有清华大学吴良镛教授领衔的"人居环境研究中心"的大量研究，提出了城市建设应当是系统的、科学的综合学科：即人居环境科学。这提升了城市建设这门学问的层次，让它成为一种显学，而不是物质建造的附庸。[1]

另外，令人瞩目的是著名科学家钱学森先生关于社会主义应当建设"山水城市"的论述，而这些论述在上世纪90年代初就以论文的形式，更多的是通过书信往返的形式提出来了。这些论述，充分体现了一代大科学家对城市问题的深邃洞察力和分析问题、解决问题的能力。因此，尽管他的论述不是长篇大论，但是他的"山水城市"，却是一个清晰明了的理论。[2]

钱学森"山水城市"理论的核心是：城市建设应充分引用高新技术，能融合中国古典文化，包括山水诗词、山水画、古典园林等，是科技、人文统一的城市。要让普通百姓能生活在园林般优美、有意境

① 参见：吴良镛著《人居环境科学导论》，中国建筑工业出版社，2001年10月第1版；
吴良镛等著：《人居环境科学进展》，中国建筑工业出版社，2001年10月第1版。
② 参见：鲍世行编《钱学森论山水城市》，中国建筑工业出版社，2010年6月第1版。
摘录一些精彩段落如下：
　我近年来一直在想一个问题：能不能把这个山水诗词、这个古典园林建筑和中国的山水画融合在一起，创造山水城市的概念？人离开自然又要返回自然。社会主义的中国，能建造山水城市式的居民区。
　近年来我还有个想法：在社会主义中国有没有可能发扬光大祖国的传统园林，把一个现代化城市建成一座大园林？高楼也可以建得错落有致，并在高层用树木点缀，整个城市是"山水城市"。
　这是把古代帝王所享受的建筑园林，让现代中国的居民百姓也享受到。这也是苏扬一家一户园林构筑的扩大，是皇家园林的提高。中国唐代李思训的金碧山水就要实现了！这样的山水城市将在社会主义中国建设起来！
　山水城市的设想，是中外文化的有机结合，是城市园林和城市森林的结合。山水城市不该是社会主义城市构筑的模型吗？
　新建筑一定是充分利用高新技术的。山水城市也是高技术城市。

的人文和自然环境中。他倡导建立城市学和建筑科学。他甚至为未来描述蓝图：

　　所谓21世纪，那是信息革命的时代了，由于信息技术、机器人技术，以及多媒体技术、灵境技术和遥作（belescience）的发展，人可以坐在居室通过信息电子网络工作。这样住地也是工作地，因此，城市的组织结构将会大改变：一家人可以生活、工作、购物、让孩子上学等都在一座摩天大厦，不用坐车跑了。在一座座容有上万人的大楼之间，则建成大片园林，供人们散步休息。这不也是"山水城市"吗？这个想法对不对？

——1993年10月6日致鲍世行的信

　　可见，山水城市，是个连接着中国古代文明和西方近世科技，贯通古今、融合中外，直接面对未来生活模式的宏大的构想。

　　然而，人们对山水城市理论的理解和解释却十分不同。大多数认为是一种对城市环境要结合自然山水的理想化的、景观意义上的要求，严重忽略了钱学森倡导城市建设要有高技术含量的核心意见。因此，上世纪90年代所发生的吊诡的事情是，山水城市理论在虽然热闹过一阵，也开过研讨会，但是实际上，在规划设计学术界和职业界只是"礼貌性"的支持，实践上，除了命名一些山水园林城市外，并没有做过实质性的尝试，当然更谈不上在政府和城市管理部门有所促进。

　　尽管，上世纪90年代初期的山水城市的话题，够得上与"文化立国"这样一个国家主题。但是结果却不了了之。对此，想必钱学森也有隔空对话之慨。在另一封信里，钱学森无奈地说：

　　……我是更雄心勃勃地要城市筑成人造山水，我的目标也许太高，登上月球了！

——1993年4月11日致鲍世行的信

　　在一日千里的建设狂潮稍稍退烧的今天，我们看到的是，我们的城市，恐怕离山水城市不是更近、而是更远了。

伍

对大楼城市进行反思、探索未来的可能性，这是一个太大的课题。我们深知，我们无力与现行建设规范抗争，我们也无法像国家专门设立的学术、科研机构那样，有专门的经费、时间、人员，做广征博引、百科全书般的研究或者搞学科建设。但是，我们还是可以以少数人的力量，凭借自己的切身体会，也就是站在一线开发建设和规划设计的角度，以图纸和文字，蠡测未来的可能性。

本书呈现的，正是我们思考和探索的阶段性成果：它不是峨冠博带般的正统学术，而是不拘一格的设计笔记。基于我们对中国城市建设模式的基本认识，可以归纳为以下五种：

古代基于礼制的"礼制城市"；

基于院落的"大院城市"；

基于单体大楼的"大楼城市"；

基于城市片段的"微型城市"；

整合了农业、能自给自足的永续城市。

我们知道上述归纳未必全面，也不打算对上述所有模式进行深入的讨论，而将焦点放在"微型城市"上。它具有极为丰富多变的内涵和形态，是我们这一阶段重点思考的对象。

有必要交待一下这个书名。在工作中，我们常言"垂直城市"。意思当然不是现在的盛行的垂直大楼，但是对公众，恐容易混淆。而"立体城市"，更容易混淆了：即使是大楼城市也在某些方面是立体的。因此就用"高山流水"以表明我们的意图。

这里所说的"高山流水"，是一个城市意象，它所对应的是历史传统江南城市的"小桥流水"。

小桥流水、亭台楼阁，这是那个时代的社会状况里的产物，那时的人口，没有现在多，城市也没有现在大，技术也没有现在先进。江南各地的私家园林，精美绝伦，但它们只是少数人的艺术家园。不适合广大市民。更不适合现代大城市的建设。皇家园林，倒是气魄宏大，但是它们是皇家禁苑，为少数人服务。而且，往往在郊区，才能有那么大的用地，如果开放成为市民公园，市民也得专门出行才能到达。

　　因此，高山流水，首先是大景致、大意象，是以现代建筑技术为基础的、为大城市准备的大山大水，是人人都能享受的城市公共生活的空间意象。

　　其次，高山流水，也是文化意象和精神追求。它追求的是中国文化的气质，要将中国文化精神，进驻到城市建筑中。它的批判性，在于反对削足适履地照抄照搬西方城市建设的模式和城市建筑的意象。事实表明，这种照搬最多加快解决了我们量的需求这个初级问题，无法解决我们的可持续性问题，更不能解决我们的文化立国、繁荣城市文化的高级问题。

　　第三，高山流水，曾经是一个曲调，一个关于"知音"的典故。不妨认作对钱学森"山水城市"的回应。尽管我们所做的，仍然离得很远。

　　高山流水，你可以理解为"小名"，它的学名是"微型城市"。

　　微型城市，是介于城市整体和单体建筑之间的某种城市片段。它是功能高度复合的大型甚至巨型建筑。英文可以造字，那就是Urban-tecture，它本身就是小规模的城市，但不是传统意义上的大楼或建筑。

　　微型城市，是城市之下、建筑之上的一个"认知、思考、设计单元"。它当然也可以就是Urban design"的对象，但它不是对若干大楼进行视觉协调这样的城市设计。它是一个大型城市构筑物。它的实质是：功能高度复合，高效集约的城市片段。我们不能用现在的用地性质来衡量它。它是城市的范畴，不能用建筑的规范、规程来规定，尽管它也是建筑。它是安置城市生活的空间，也是城市的景观。它来自对资源的精细化利用，它面对的是市民本身的需求和大城市生活的内在合理性，它挣脱、超越了为城市管理之方便和资本扩张之意志而特意设定的城市规划游戏规则。

对传统意义的"建筑学"及其学术衰落而言，我们认为主要是因为它脱离了城市的舞台。我们并不要否定、取消它。而是要调整聚焦。我们认为：城市才是建筑之家；建筑必须回归城市，它才会有广阔的学术前景！相反，由城市降解到建筑的常规理路，事实表明，既无力解决城市问题，也使建筑学沦为"半拉子艺术"。因此，微型城市，对应的是一种"城市建筑学"，其重心，落在城市上而不是落在建筑上。

微型城市的三个基本支撑是：以生态的方式规划城市；以高新技术来确保生活质量；以地区的文化作为精神向导。

我们不敢说它具有多大的普遍性，尤其是针对欧洲和北美，但是它一定是针对中国的国情。

微型城市，首先是个名词，是建筑和城市之间的桥梁，是未来城市更新的具体案例。

其次，它也是个动词，用来黏结已有的城市碎片，再造城市的整体性。

第三，它还是一种策略：一种迈向适合中国国情的明日之理想城市这一行动计划的第一步。

第四，它是一种现实性极强的城市改建的思想，针对业已建成的功能单一的城市片段，进行复合化整治：比如在居住区里进行功能改造，增加办公和商业设施；在CBD中央商务区里，增加居住功能、商业功能和文化功能，等等。就这一点，值得强调的是，在轰轰烈烈的造城运动式微的今天，这种城市再作（urban re-do）将会是一种常态。我们对待已有的城市建筑，不必以推土机相向。推平重建，本身就是不生态友好的建设态度。或许，我们的内心，需要戒掉大拆大建的心魔，才会找回城市更新的相对安全、健康的方法。

　　人类城市文明已经存在了几千年，但是，这不等于我们已经真正理解了城市，更不等于我们能够驾驭城市。尤其在制度层面，我们往往显得束手无策。我们往往是要等到事情十分严重了，才会回头想办法。历史上早就已经发生过的城市兴衰轮回考古学事实表明：我们曾经创造了灿烂的城市文明，我们同样也亲手毁灭了它们，留下的只是凭吊的遗址和废墟。

　　世界上恐怕没有普遍的理想城市，理想城市都是具体的。它一定是针对具体的民族、文化、资源而言的。在我们的心目中，中国的理想城市，它应该是个整合了现代农业和工业的复合城市，是一个城乡一体的永续的城市，它还应该是以中国人文理想和高科技紧密结合的永续城市。

　　噫，这就差得远呢，继续努力！

思想中的城市

一、礼制城市：延续和分野

中国有着上下五千年的悠久历史。中国的城市在春秋战国时代就已成型，并且有着完整的城市规划设计理念、理论和规制。我们或可称之为"礼制城市"。

礼制城市，与"家国同构"的思想一脉相承。

就理论而言，《周礼》考工记："匠人建国，水地以县，置槷以县，视以景，为规识日出之景，与日入之景，昼参诸日中之景，夜考之极星，以正朝夕。"这里说的是选址。"匠人营国，方九里，旁三门，国中九经、九纬，经涂九轨，左祖右社，面朝后市，市朝一夫。"这里说的规划布局，极为清晰明了。

就规制而言，《左传》言："都城过百雉，国之害也。先王之制，大都不过三国之一，中五之一，小九之一。"这说明对不同城市的规模有限定。《管子·大匡》说："凡仕者近宫，不仕与耕者近门，工贾近市。"这是古代城市规划的功能布局：把各业人等安排住在他们的工作地点附近，以减少每天来往的距离与时间，并由此划定因职业决定的居住区。所以，城市分区既是体现权力也是体现管理模式的结果。在千百年的封建社会历史进程中，这种中国传统的礼制城市模式，虽然历代都有变化，但其基本格局却没有很大改变。

然而，城市建设真正发生质的改变，是鸦片战争后，中国的政治、社会、经济、文化均发生了"数千年未有之变局"。这就是极为特殊的中国近代城市史的开端。近代中国城市基本上可以分为两大类型：

第一类城市是由于帝国主义侵略、外国资本输入的一些沿海沿江城市，往往辟为商埠或设有租界。产生较大变化的是由列强占据"租界"，形成殖民聚居地。这些"城中之城"，按照他们的建筑形制，建造游离于中国城市建筑之外的西式新建筑。典型的如上海，以致有"万国建筑博览馆"的称号。

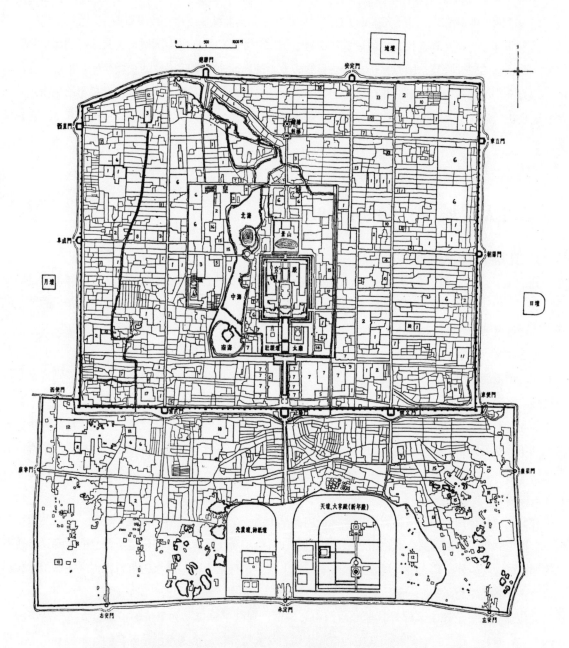

1—亲王府；2—佛寺；3—道观；4—清真寺；5—天主教堂；6—仓库；7—衙署；8—历代帝王庙；
9—满洲堂子；10—官手工业局及作坊；11—贡院；12—八旗营房；13—文庙、学校；14—皇史宬
（档案库）；15—马圈；16—牛圈；17—驯象所；18—义地、养育堂

清代北京城平面（乾隆时期）

另外一类，就是原来的封建城市，由于民族资本的发展，又受到西方文化影响，而发生了局部变化。广大的内地中小城镇，因经济基础没有发生显著变化，因而城镇变化小或没有变化。

虽然上述变化在百年近代，总体还是很缓慢，但这种变化却表征着中国城市未来发展的历史分野。事实证明，随着时间推移，西方强势文明，最终导致中国的城市文明阶段性的全盘西化。不过，在经历中、西方文明的激烈碰撞，新旧社会交替的百年近代社会巨变的过程中，这也只不过是个历史阶段。中华文明自进入近代以来，一直处在重新定向、重新调整、重新建立之中，这一漫长过程实际上一直延续至今。

二、大院城市：1950s~1980s

1. 计划经济和大院城市

新中国成立后，中国城市建设进入了重要转折期。城市体现了人民性、平等性。中国城市建设的核心价值诉求也从封建社会的"封闭隔离"转向了提高生产效率的"自给自足"和消除阶层差异的"空间平等"，城市建设资源开始"计划"使用。

社会主义、平等观念、人民当家做主等，是胸怀高远、有崇高追求的大理想。但是，远大的理想必须有相应的措施才能实现。而社会主义也是一个正在探索中的新事物，社会主义的城市建设同样是个探索过程。

由于旧有的城市是消费城市，为了发展经济，工业建设被提到了城市建设的最前沿。许多城市在上世纪50年代初都提出"变消费城市为生产城市"的方针，这一方针的主要内容就是"所有的城市都应有自己的工业"，为的是每个地区不论消费品还是生产资料都尽可能自给自足，因而造成了城城设工业，处处冒烟囱的景象。

在计划经济体制和生产城市导向下，城市内部一个又一个独立的"单位大院"诞生了。以北京市为例，上世纪50年代初期开始，北京市各级政府机关、科研院所及厂矿企业都修建了自己的大院，比较有名的如海军大院、外交部大院、建设部大院、首钢大院等，直至今日，北京的百万庄地区还保留着相当完整的建设部机关大院格局；而石景山一带也仍遗留有当年首钢大院的印迹。

大院在上海、广州、天津等其他非政治中心城市，则以"单位"为单位的"单位大院"。单位，这两个字有着特别意义：它是社会认知和空间认知的双重结合体。个人身份是匿名的，单位身份是显现的。比如问对方的身份就是：你是哪个单位的？而书面文件的出具，也是"某某单位介绍信"。这些单位是国营工厂、政府部门、学院、医院等。这些大院，作为城市的单元，其功能涵盖办公、生产、居住、上学、购物、吃饭、娱乐、文化活动等全部内容，也是一种追求居住、生活、工作融合的城市理想。

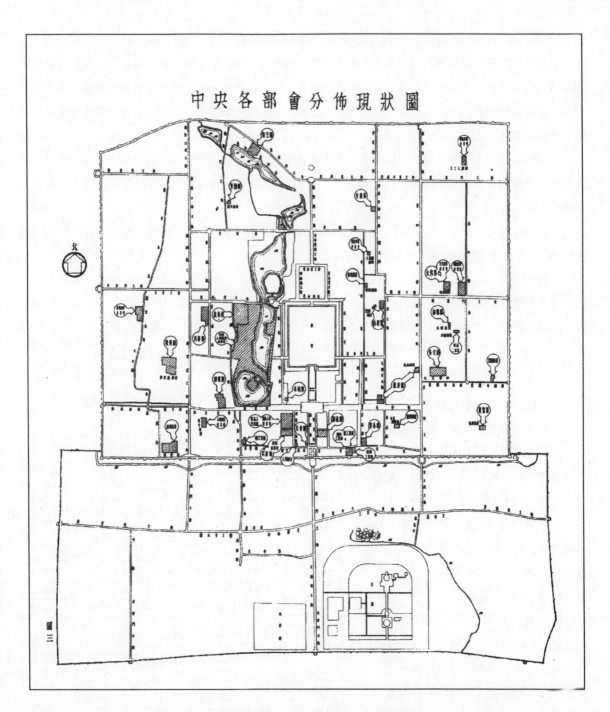

中央各部會分佈現狀圖

1949年12月各部委分布图（引自《对北京将来发展计划的意见》）

但是计划经济并不鼓励商业。只有极少数遗留的城市商业遗产，作为有计划的商业活动场所。

这些大院，是平面铺开，围墙高筑，出入门禁，具有内外有别的强烈的封闭性。它是熟人社会、同事社会。也就是社会学中的"通体社会"、透明社会。东家长西家短，俨然一个村落的翻版。当然也是完全防卫的集体空间，陌生人进入，如芒刺在背，无数双眼睛在监视着。显然，它是一种社会组织和城市管理模式的有形体现。

大院城市是在生产力不高、建筑技术低下而又要体现计划经济体制的城市建设模式。这种模式下，土地利用强度低，各个围墙将城市分解为一个个相对封闭与均质的院落，院落间缺乏城市的有效流通与交往，大院取代了城市本身。

大院的空间形态特征，是对传统"合院"形式的放大，以"单位"的"围墙"空间边界，形成"集体空间"。集体空间对应的正是"集体主义精神"及其社会理念。

与此同时，原有私人合院，由于国有化重新分配、人口增长而产生的搭建等，变成高密度人口混居的"大杂院"。另一方面，由于商业不发达，公共空间未得到相应提升，因此，在私密空间、集体空间、公共空间三个空间层次，体现出集体空间的高度发达，私密空间的萎缩和公共空间（尤其是公共商业空间）的停滞。

2. 大院城市的中外原型

大院城市模式，既是"社会主义理想"的外在体现，又有中外多种原型资源的参考，直接的比如，苏联的"微型住区"理念，大院内部"五脏俱全"，一个大院甚至可以说是一个完整的集体生活单元，居民绝大部分的公共活动需求都可以在院落内部就近解决（如吃饭、购物、上学、娱乐等）。

而就其格局和管理类型而言，有点类似于古代城市的"里坊"制，比如唐长安城，整个城市中轴对称，布局严整。路网呈方格状，东西11条，南北14条，划分为108个里坊和2个商市，其布局像棋盘。白居易有诗云："百千家

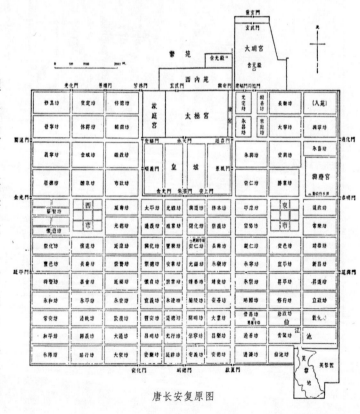

唐长安复原图

似围棋局，十二街如种菜畦。"里坊，也是城市管理单元。

往小里说，合院或院落住宅，正是其空间原型。中国合院住宅有很长的历史渊源，早在西周就有，魏晋南北朝时继续发展并成为中国主流的住宅形式，明清以后，合院住宅高度成熟，并以北方特别是北京四合院最为典型。

而往大里说，它又和空想社会主义者欧文、傅立叶、摩尔的乌托邦，以及更早的柏拉图的理想国有关。

直至上世纪80年代改革开放，大院城市中国现代城市的主要结构形态，成为计划经济时代构成城市空间的主要模式。

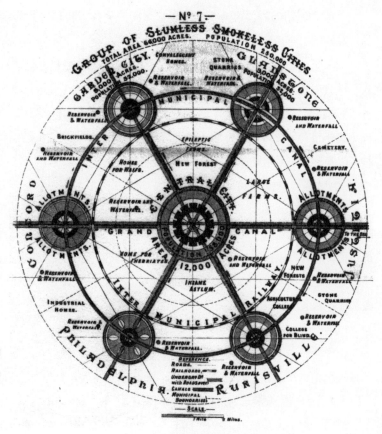

花园城市模式结构图

3. 大院城市面临的问题

大院城市，有着某种"反城市"倾向，它没有或者说不支持所谓"城市性"（urbanity）。大院城市，也不像传统的古镇，比如周庄、宏村等。因为古镇，就其人口聚居和空间形态而言，是一个聚合了城市性和农业耕作功能的聚落。

大院城市更倾向于乡村化的都市，它是政治经济学的图解、一种理想主义的城市形态，并且有着与之相配的平等（实际是平均）和幸福感，但这是短缺经济和社会强制的结果，与高效的资本主义市场经济比照，这种效率底下的计划经济没有竞争力。

(1) 城市经济缺乏活力

在大院城市里，大院与大院之间，是并列关系，相对独立，各自成章，一院一世界。大院的空间边界——院墙、围墙承担阻隔功能。由此，院与院之间，几乎没有人流和物流的流通。作为计划经济的产物，当然各自"配给自足"，无需交流和交换。

大院和城市间的关系，是局部和整体间的关系，也是行政级别上的上下关系。城市，就是院的排列、并置、组合。

大院城市不仅在城市形态上一目了然，而且在文化上也有独特的"大院文化"。同类人群的"熟人"社会，是大院文化的基本特点。比如海军大院不同于建设部大院，院里来自不同地方的人群构成了各自单位文化的特点。在北京，大院文化，明显有别于胡同文化。在上海，大院文化更多地体现为"单位"文化，有别于城市自发形成的市民文化。后者是上一时代的遗留，前者乃是这一时代的新文化。这种文化差异，甚至体现在语言和口音上的差别。

(2)各级机关不堪重负，导致就业恶化

大院城市时代承受各种压力的是政府和各级机关，包括企事业单位。就单独一个大院而言，近30年的人口增长（几乎是1.5代人），使大院本身无法完全自己解决不断递增的各种需求。垂直管理的模式，最终使政府与各级机关、厂矿企业不堪重负。日益严重的就业问题（当时称"待业"），潜在地影响到社会稳定。于是出现"上山下乡"的权宜之计，疏散那些青春期的孩子们。10年后，随着"文革"结束和拨乱反正，又出现知青返城问题，潜在社会问题越来越多。

(3)各个大院只是依赖于城市

由于生产力不足，城市基础设施陈旧，城市建设、管理部门心有余力不足，开发建设量严重不足，渐渐累积为严重的住房短缺。尤其是上海这样没有政府拨款的工业城市，有的家庭，人均居住面积仅三四平方米。这已发展成为严重的社会问题。当然，其他生活资料也极为匮乏，长期滞后于生活需求。

总而言之，大院城市，或许来自一个宏大的社会理想。但这一理想被证明缺少了经济基础支撑，难以为继。物质问题、数量问题成为亟待解决的根本问题。因此在日后的改革和发展中被一股脑儿彻底遗弃了。

三、大楼城市：1980s~2010s

大楼城市，不消说，就是我们眼前大楼林立的城市。它的基本逻辑是：一幢幢大楼，构成了城市。大楼城市是形象化的说法，却也概括了非常真实的情况。

1. 市场经济和房地产开发

大楼城市，其基本背景是众所周知的"改革开放"（对内搞活、对外开放）政策。这一系列改革包括：鼓励私营经济；开启房地产开发、土地管理制度和住房制度改革、城市产业结构调整、政府财税制度改革……

就城市建设而言，启动房地产开发最为核心。其基本路径是：对城市进行近远期规划，通过对城市土地的切分、有限期出让(实际是长期租赁)的方法，解决了土地国有的体制和商业开发之间的矛盾；商业银行通过金融，尤其是信贷制度的改革，包括房贷、按揭等措施，启动了巨量的潜在需求。因此，房地产业发生了一浪高过一浪的井喷式发展。国有、私营房地产开发商，开启了长达20年的房地产黄金时代，得到百年不遇的蓬勃发展。记得上海曾经有过口号"一年一个样，三年大变样"。短短20多年，中国城市住房面积，从人均4~6平方米，到2010年人均超过30平方米，许多城市的城区面积扩大了3倍以上！

一个个城市都在这房地产业的蓬勃发展中，实现了高楼林立的"大楼城市"！而这一切都要归功于"改革开放"四个字。是改革，启动了市场。而所谓"开放"，实际被证明就是引进西方城市文明、城市文化及城市建设模式，从而形成大楼城市——高楼林立的物质城市。这一物质成果的根本核心是城市物质资源的金融化、资本化、货币化、市场化。这一过程，也充分体现了资本的魔力。另一方面，对外开放，也引进了外资，扩充资本不足，而引进资本的同时，西方的文化、思想、价值观也被引进。在建筑和城市规划方面，通过上世纪80年代对西方规划理论、建筑学术的全方位引进、外出考察等准备工作，从而达成了对西方城市建设的全方位快速拷贝。就内部而言，国内建筑师凭借上世纪80年代的学术，支持了上世纪90年代的大规模建设。就外部而言，大量外国建筑师被请来"示范"。截至2008年北京奥运会，北京建成的地标包括国家大剧院、央视大楼、国家体育馆，大楼城市作为一种模式，达到真正的巅峰状态。

2. 大楼城市的原型

大楼城市作为西方资本主义城市的基本表征，它的来源，甚至始于早期现代主义。比如早在1911年圣-伊利亚的未来主义建筑，基本就是二战后的城市面貌。而在苏联的构成主义也描绘了未来的蓝图。还有1927年柯布西埃的巴黎改建计划、光明城市。基本就是大楼城市的更近的预言。但是，真正大规模的变成现实的机会，来自二次世界大战后的战后重建。

大楼城市，可以说是西方资本主义的标志。高楼大厦，它不仅是一种物质建设，它还是发达、富裕、现代文明的基本象征。因此，它必定是后起国家极力追随的对象。

比如说纽约曼哈顿，其超高层建筑，是世界超高层建筑的风向标。它那高楼林立的街区，如果从空

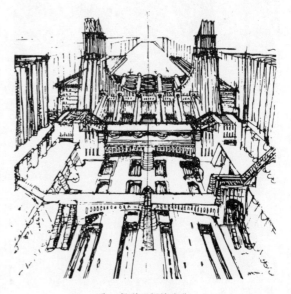

圣·伊利亚新城意像

勒·柯布西埃的巴黎改造构想

中鸟瞰，雨后春笋般地向上走，由于视觉变形，形成了某种令人震惊的效果。如果从街道上看过去，抬头看不到有多少天空！你只会感觉，资本的力量是无限的。在纽约时代广场，大楼里的室内中庭，其高度可以令人产生视觉眩晕感。如果晚上通过从室内看室外，面对稀稀拉拉的灯光，有种空中飘浮、似真似梦的幻觉。或许这就是资本主义大楼城市的最高境界。

在高层建筑的发祥地芝加哥，情况也是基本一致。不断追求高度的突破，成为建筑界的一种"高度竞赛"。有个作家对此曾经描述道："每一英寸，都令人感到充满自豪和心灵翱翔。"

而后起的香港，更是西方模式在东方（中国）的最佳案例。由于英国占领、统治的历史背景，香港一直就是"住着中国人的外国城市"。香港由于地理的限制，城市用地及其紧张，因此，高楼林立的建设模式更是不二选择。

大楼城市模式，不仅是西方国家大城市市中心（Downtown）建设的基本模式。它也穿越地区和文化之差别，"通用于"东京、上海、北京、广州等东方城市。从宏观上看，这些"国际化"城市，共性远甚于个性。不是专业人员，往往难以看出多大的差别。

显然，这不仅是一个建筑设计的话题，而是作为一种模式，甚至说一种"城市基因"，控制着城市建设。当我们回顾中国大城市30年来的大楼城市建设时，我们不得不思考：大楼城市是唯一的选择吗？

仰视纽约

香港夜空

中国的大楼城市达到高潮的历史时刻，可以北京奥运会、上海世博会为界。这一判断，来自政府高层和国家精英层对以往发展模式的反思。提倡科学发展观、转变经济增长模式、国内调低经济增长速度、环保主义的兴起等重要事件，本身就是国家层面反思的反映。就城市建设而言，虽有综合复杂的方方面面，但是，城市建设的模式、开发模式，是事物的核心。我们需要自我反思的正是这城市开发模式以及它与我国国情之间的矛盾。

一、功能分区的深远影响

改革开放初期，未及大兴土木之时，我们在短短十年里，引进了整套西方城市、建筑学术思想。这直接应用到了上世纪90年代中期以来大规模、紧急的开发。轰轰烈烈的建设，使得我们无暇深思。

总的说来，城市规划实践所引用的，乃是二战后发展起来的功能分区理论，就是把城市居住、工业、办公、商业、娱乐等功能集中布置在城市的不同区域，即所谓"功能分区"。上世纪90年代后期许多城市引进的CBD（中央商务区），也是这种分区中的一个分支。

这种纯净的规划布局原则，鄙视原有城市混杂生活的特色、历史积累的价值，以现代化（实际是西方化）的名义，成为城市规划的核心理念。

功能分区理论，是典型的理想主义理论，是按照城市总平面所标明的清晰功能来规划设计城市，而不是以人的日常生活需要及城市原有的地理和地貌来设计城市。这种规划模式，本质上是一种唯规划论：过度相信、依赖人为的规划、过度依赖社会化分工，人为造成市民在不同城市功能区域之间往返穿梭，徒然增加出勤和交通，大大增加了城市运营成本和市民生活成本。

在功能分区的新规划思路下，新建的居住区、居住小区变成卧城。清晨，人们潮水般涌向工作场所；下班后，又潮水般回巢。白天，居住区是空巢；夜晚，办公区又是空巢。市中心的办公区，到了夜晚，成为漆黑的空城。

这种思路甚至延续到21世纪。上海浦东的陆家嘴，是典型的形象新城。早期开发的新陆家嘴是金融办公集中区域，直到本世纪的头十年，才在办公功能区里引进商业功能。但总的说来，陆家嘴仍然是一个典型的CBD。北京的金融街，基本也是这个情况。

二、现代化冲动和城市的碎片化

现代化的内涵究竟是什么？这是个大问题。但是，把高楼大厦当作现代化的标志，却是相当一个时期以来，人们对现代化的认识。因此，往往是现代化冲动取代了对现代化的追求。

大楼城市的规划和建设，颇有柯布西埃巴黎改建计划的味道。当然，巴黎没有被如此改造。对于城市街区建设，我国在上世纪80年代有过学术争论：究竟是"低层高密度"好，还是"高层低密度"好？前者，没有高楼大厦，缺乏"形象"，但是有温馨的街道尺度，亲切的城市外部空间。当然也与旧有的城市建筑尺度容易结合。而后者，楼高了，楼间距也大，有"形象"，结果是空间尺度大、建筑体量大。

事实证明，后者胜了前者。大城市如北京、上海，建造的都是大尺度的高层建筑物。在拆除旧有小尺度街区如石库门、胡同的同时，新建的都是庞然大物，与老街区形成鲜明对照。

随着旧城改造的深化，老式街区，除了明令禁止拆迁的文物保护单位，拆得所剩无几。而新的大楼，构成的巨大"街区"，都是按照日照计算算出来的高楼排列，松散布置在城市总平面上。没有围合、没有小尺度的城市空间。城市肌理被彻底撕碎，而老的道路、空间记忆荡然无存。

与大楼城市的规划思想配合的，还表现为大交通、大马路，高架路、环路建设，这些基础设施所到之处，原有城市肌理只能让步。

实际上，良好的城市生活，有赖于丰富多彩的城市空间层次和城市建筑尺度。城市空间本来拥有极为丰富的多样性。比如街道，窄的可能三四米，宽的则几十米。不同的街道尺度，与不同高度的建筑相配合，产生了不同的市民活动和交往方式。

而过度快速的城市改造运动，无法顾及不同尺度的城市空间及新旧城市空间之间的延续、再造。城市生活空间的营造，是一个细致活儿。大楼城市的现代化冲动，加上经济利益的驱动，使得我们的城市越来越碎片化。

大楼城市的模式，在某种意义上可以说是城市发展道路上的全盘西化，尽管高层建筑未必是西方文明的专利。新建的大楼，取代了大量历史建筑和历史片区，失去了新旧融通、相得益彰的机会，使得我们的城市在历史人文的意义上平面化、缺乏质感；城市的地方文化和历史传统价值被严重忽视甚至造成无法弥补的遗憾，形成大量建设性破坏。

城市是人类文明的体现，是地方文化、传统文化的重要载体。在城市更新过程中，如何抑制盲目的"现代化冲动"，仍然是个课题。

三、土地财政及其后果

城市建设用地，由地方政府对原住民征用、补偿、拆迁。根据城市规划图，将不同使用类型分别设置使用年限，比如：居住用地（70年）商业用地（40或50年），混合用地（70年）等。然后通过"招拍挂"，高价出让给开发商。开发商一次性（或分期）交清土地出让金，获得土地使用证。地方政府把卖地收益作为最大的财政来源，因此想尽办法推高地价。把土地小块切割出让，而不是成片出让，形成更多次的招拍挂交易，以获取更大的一级开发利润（这就好比零售和批发的关系）。这就是土地财政的由来。

土地财政最核心的内涵是城市被商品化，这是大城市日后所有问题的来源。

地方政府从土地经营中，获得短期利益，但加剧了城市建设产业链中的利益集团的形成。在这利益链条中，地方政府与开发商是利益偏向于一致，而农民或原住民和购房者又是另一方。尤其是失地农民，以及那些货币补偿的原住民，从"地根"到"银根"之间的转变，往往是日后真正贫困的开端。作为商业行为，土地和房地产开发、销售，成为一种击鼓传花的短期行为。土地开发的短期行为，导致城市建设管理缺乏长远可持续的眼光。这种利益冲动，很难保证地方政府对公共利益及城市整体价值有根本的追求。各地高价地王的不断出现就是明证。这客观形成获得土地的开发商各自为政，把自己的利益最大化，以向下传递成本。这一方面导致城市高房价，另一方面，使城市开发建设各自为政的现象进一步加剧。城市产权组织越分越细，也就是说，碎片化不断加深。城市的整体性、连续性、地域性越来越被淡化。

土地财政在一定程度上压制了其他产业发展，因为地方政府热衷于土地交易，而对其他薄利产业缺乏兴趣。当今房地产开发模式导致高房价，形成了城市人群分化。而地方政府在经济适用房、廉租房问题上被动应对的事实，已经说明这一点。在布局上，政府舍不得在土地价格昂贵的城市中心区域配置经济适用房和廉住房，相反，把它们布置在土地价格便宜的远郊。然而，这些房子的真正主人是低收入者，他们需要工作。因此，他们往返奔波于工作机会多的城市中心区域和远郊住所之间，这存在着通勤上的严重不合理。

过高的房价已使得北京、上海这样的大城市，在商务成本、生活成本、人力资源更新等方面，失去竞争力和活力。

因此，城市土地应该在城市整体利益的前提下统一经营管理。我们不能简单地把眼下的利益最大化，把市中心区贵的土地卖给开发商去建造大户型豪宅。我们一方面应该在市民就业和生活之间做出合理连接；另一方面，应站在整个城市的角度，对中心区土地的使用性质、功能配置、建筑模式做出大幅修改。举例来说，上海陆家嘴的顶级大户型豪宅，少数人占着中心区位置，从市场角度，没有不妥，但从城市资源配置看，就未必合理。倘若中心区位置留给适应性的上班族，那些住宅用地的规划设计形态，可能是完全两样的景象。

四、谁来关心公共利益

土地一级开发是地方政府的事情，而拿土地开发，则是开发商的事情。从这样的土地体制和开发体制看，显然，城市建设是少数人控制的事情：是地方政府，加开发商及其聘请的各种专业团队，包括工程承包商来建设达成。这就是说，我们住的房子，只能由别人规划、制作的。这别人，正是上述团队。他们是少数人，少数专业人员和管理人员。开发商是纽带和核心，但他们也是是临时的。他们通过（项目公司）来运作，项目在其手上过过手，开发销售结束后，就交给"业主委员会"聘请的物业管理公司来管理。

因此，我们的城市，除了由政府直接运作的政府项目，大多数是开发商运作建设的城市。而开发商，按照商业逻辑，必须是以资本逻辑来开发营运。因此，开发商的水准，很大程度上决定了城市的水准，这是大逻辑。

因此，城市建设是由地方政府和开发商这两大集团以利益考量为准则。如此，城市的整体利益恐怕难有保障。理论上，市场经济当然有调节功能、优化生产资源的配置，但是，市场经济也有个初级阶段、高级阶段。初级阶段的市场经济是否一定具备优胜劣汰的功能？恐怕未必。开发商队伍也参差不齐，除了极少数具备高水准、自有追求的外，总体上你是无法要求，更无法保准。尽管政府有相应管理标准，但这些管理标准本身是否合理、是否被不断更新？它们是否有效？这就很难说。这就是为什么有那么多的腐败案件，会产生那么多质量问题。而城市文化，更是一个软性问题，一时很难放到要议事日程上。

这有个过程。启动城市建设之初，在国家和政府没钱改善城市基础设施、城市居民居住条件时，房地产业的引入起了很大作用。但市场和资本决定一切时，开发商的权力就越来大。上世纪90年代初，中国的房地产刚兴起和随后的一段时间内，开发商与政府的关系，是政府需要开发商参与。随着房地产作为中国经济支柱产业地位的确定，后来演变为政府成为开发商最强力的推手。开发商在市场上成功了，就有了税收回报。因此，开发商是极为活跃、统领城市建设的功臣。

在资本逻辑下，所谓的规划设计、专家团队，作为开发商的合同服务者，都难有自己的职业独立性。事实证明：是少数开发商决定着城市的面貌！

少数人参与的城市建设，难以确保大多数人的利益。因此，一方面，要在制度上强化、健全市场经济制度建设，但另一方面，我们不能忘记"社会主义的市场经济"。城市建设中的民主和法制，还需要制度保障。城市建设，应该有城市公共利益的代言人参与。在包括开发商和末端使用者在内的临时性产权机制条件下，如何保证大家致力于建设恒久的城市文化？如何让城市建设不失去大多数使用者的参与，确保公共利益，也不失去独立专业团体参与？这恐怕要从整个开发模式的改革着手。

五、排他性开发和文化缺失

房地产主导城市建设的另一种表达式，就是开发商主导了城市建设。只要开发商达成土地的获取，那么，就可以按照他们认为的市场原则进行策划和开发。

对于"市场"这只"看不见的手"，每个人都有自己认为有理的理解、解释。但最终的解释是利益。为此，开发商为取悦其客户，把自己小区内部，尽量搞得漂漂亮亮，号称"花园式"或别的什么"式"，但这都是手段。初级阶段的开发，往往面对周边环境，能侵占的尽量侵占，鲜有想到要有所贡献者。于是造就了"各扫自家门前雪，管他别人瓦上霜"的排他性开发。这在源头上使得城市的整体性无从着落。

某楼盘广告

事实上，由于过度专注于数量、速度和经济利益，以致我们的城市建设，失去了健康城市文化的支撑。已经建成或正在建设的诸如"加州阳光"、"迈阿密水岸"、"地中海风情"等异国风情居住小区，不仅完全忽视了建筑的文化价值，让我们的城市变得越来越庸俗甚至恶俗。

某著名上市房地产开发集团，建造欧式建筑风格的建造产品，并形成标准化的"复制"政策，向全国城市蔓延，形成"品牌"。而这些能复制、扩散的公司是全国房地产企业中业绩好的公司。其他"大兴"的房地产公司，更数不胜数。因此，这20年，全国房地产企业，把世界各地区、各国的建筑形式通通免费消费了一遍或多遍。中国已经成为"万国建筑博物馆"，几乎每个城市，放眼望去，一个楼盘一个某某"风格"，争奇斗艳，形成世纪之交的空前奇观。上海曾有此别号，有人还很得意，但在文化层面，实有对殖民文化的调侃之意，绝非褒义。

这是一种令人震惊城市文化现象。城市、建筑是一个国家、一个民族文化水准最直接的有形呈现。世界上没有一个国家，能像我们那样，如此集中、直白、大规模地引用外国建筑文化符号，而且如此毫无愧色。我们不能如此无视建筑的地域特性、文化特性。我们应该在站在"文化立国"的高度，审视我们的城市建设。

这就是当今市场经济不健康的一面。有必要强调，市场经济并不能解决所有问题，尤其是不健全的市场经济。我们不无遗憾地看到，过度依赖市场经济，造就了我们近30年开发、建设的城市，有着严重的文化缺失。

六、规划管理体系的市场价值导向

现行城市规划管理体系越来越演变为一种为引入市场力量而搭建的开发平台。规划管理和国土资源管理两个核心部门（有的地方是一个部门），在市场经济名义下，变成高度利益化的政府机构。

城市规划编制不严肃不科学、编制了不遵循、随着领导换届随意改变规划等弊端十分猖獗，极大损害了城市的公共利益和长远利益。所以坊间嘲讽规划是：规划规划，鬼话鬼话，图上画画，墙上挂挂。

另一方面，现行规划技术管理体系，局限于静态指标量化管理而非动态品质管理。实践表明：这样的管理，并不能真正驾驭市场经济这匹脱缰的野马。

当国土部门实现招拍挂交易程序后，这块土地，就从政府土地贮备中心的"库存"，变成某某开发商公司财务账簿上的资产。所不同的是，它附加有现行规划技术指标，比如容积率、建筑密度、绿化覆盖率、建筑高度、退线等"商品规格"。这些都来自上位城市规划（主要的是"控制性详细规划"）。在某个城市，还有日照间距、建筑间距等城市层面的技术规范。另外还有消防部门的审核、人防规定等政府下属机构的设计和审定。

问题在于这些抽象指标的来源本身是否经得起推敲？引用这些指标，是否就能通向一个令人愉悦的城市或城市片区？

一个城市或片区，用统一的指标进行建设管理，并非错误，而是不够。这些技术指标都是静态指标，简化了城市建设的复杂性。关键是，这些指标，来自政府部门中的技术管理部门。这些部门以守卫其规定为天职，而不是守卫城市品质为天职。他们无意、也无力更改这些指标，哪怕更改是必要的。而更改指标本身，是要通过政府权力机构的运作，而不是相关公众的会议、会商。因此往往是一种灰色地带的运作。

作为城市规划管理的既成技术指标和技术措施，它是硬性的规定，而不是弹性的规划指导。这造就

丽江古城

了下位建筑设计被动满足的局面。在整体城市的层面，这些规定，决定了我们城市的基本形态。比如日照间距和建筑间距一项，在我国总体地少人多、容积率偏高的情况下（通常城市住宅小区的容积率在2.0左右，有的甚至在3.0左右），住宅小区的规划设计，几乎是一个数学问题。大量兵营式排列，就是刻板规范的不二产物。随着城市新建设的大面积铺开，原有城市的历史肌理彻底瓦解，代之于标准日照计算出来的，南向布置的"行列式"。城市空间多样性丧失殆尽。城市越来越刻板、缺少活力。可以想见，我们的后代将会接收到怎样的城市遗产？

从一线规划设计实践来观察，这种规划管理的模式及其条例合理性，令人怀疑。千百年来，早在这些条例产生前，我们的祖先留给我们的城市遗产，使我们拥有"文明古国"的雅号。我们的许多古城，随便举例如美丽的丽江古城，是美不胜收的旅游景点。但丽江恐怕不符合"日照规范"！也不符合"建筑间距"和"建筑朝向"。如果假设当今这些规定是科学合理的，那么是否因为它们严重不符合这些规定，应当加以拆除改建呢？难道我们真的应该这么做吗？

因此，规划管理如何转变职能和方式，让它成为促进城市品质的推手而非阻碍人们创新的教条？指标管理，恐怕是种懒人哲学。既然指标化管理导致简化和僵化，那么，通过城市学意义上的城市设计来管理，是否有可能呢？

七、规划设计应该"事业化"还是"市场化"

规划设计本身是以城市大众公共利益为核心、以长远的社会健康发展为目标。因此,在上世纪80年代体制改革之前,规划设计机构一直是事业单位。"事业"二字,道出了规划设计的核心价值。因此其机构名称是某某规划设计院、某某建筑设计院。后来,在设计后面加个"研究"二字,这当然更好。然而,进入市场经济改革之后,规划设计单位先是"双轨制",随后则彻底改制,成为企业、成为"有限公司"。

这就是我们目前见到的奇怪牌子:"××(规划)设计研究院有限公司"。规划设计单位的企业化改制,注定了规划设计工作转向利益导向。这对城市建设来说,不见得是一个好消息。

诸如设计单位搞合并、搞集团、搞上市、搞排行榜等,所有这些表明了设计事业的商业化程度,却与设计水准并不相干。事实是:与中国城市建设庞大的数量相比,真正优秀的城市建筑实在是不成比例。2012年,普利策奖的建筑奖给了主持小型工作室的王澍,这一方面当然可以理解为国际建筑界对中国建筑设计的某种认可,但同样也表明了国际建筑界对中国建筑界的看法。

规划设计行业体制的市场化改革,最大的正面效果是搞活了。而最大的负面效果,则是整个行业的利益驱动化,这对城市来说有着长远的、深度的危害。

事实表明,市场并非万能。有必要强调的是,西方国家的市场化,其附加条件是,健全的法制环境、法律意识、以及相应的公众对专业知识和专业操作的认知和认同。中国的市场化,正处于初级阶段,很不成熟,有限的专业资源反而成为资本、权力的附庸。这不仅是专业人员的悲哀,也是文化事业的不幸。所以,在中国国情下,规划设计事业的市场化应有条件和补足措施,方才可以避免其不良后果。比如促使建筑师协会的民间化、提升建筑师协会社会地位和加强建筑师协会的专业和社会功能等。

八、造型主义与视觉文化

与上述城市建设外部环境相对应,是建筑学盛极而衰的学术史。我国有久远的建筑历史,但我们没有现代意义上、尤其是西方文化意义上的建筑学。指导我们的建筑学学术根基,来自近代以来由留学生引进的西方古典主义建筑学。这种侧重于实体形式的建筑学,把建筑理解为三维立体造型,其理论、语汇、话语,均是西方古典艺术理论的借用。近现代中国引进的,还有几乎所有二战以来的西方学术理论,可以说是新旧混杂、含义混乱。

从建国初期社会主义内容、民族形式的争论,到对西方功能主义理论的片面理解,到一度充斥着"符号"的所谓后现代建筑,直到当今舞台布景般的杂陈,无不体现了这种学术思想混乱。事实上,我们还没来得及建立适合自己国情又能与国际融通的城市建设学术范畴,当然,也没有真正解决新时代的建筑文化品格问题。因此，我们对建筑作品的优劣评判，几乎没有标准。这就从根本上解释了为什么我国有如此巨大的设计舞台，却没有建筑评论的一席之地。

在规划、建筑泾渭分明的大背景下，以造型主义为核心的建筑学彻底失去了方向。而市场经济的消费主义盛行和经济荷尔蒙的泛滥，却催生了早产的德波[1]所说的"景观社会"和与之相应的景观建筑。

视觉中心主义的无意识的蓬勃发展，造就了目前横行的纯粹视觉冲动。冲动简化了视觉与理解、审美等内在智力运作，而成为满足视觉饥渴的外部生理活动。所谓"吸引眼球"、"视觉盛宴"、注意力等，就是其明显征候。当然，现实中，看效果图定方案的"视觉判断"，已经是经常发生的事情了。

视觉运作、景观消费，使得建筑变成越来越肤浅的"演艺事业"或"视觉狂欢"；而建筑、城市越来越失去应有内涵和存在感，建筑卸去了它本来担当的"存在之立足点"（existential foothold）的功能。

联系这样的实际，吴良镛教授倡导的"广义建筑学"[2]，显然洞察到了我国建筑学的内在危机并开出了药方。当然，要实现这种综合的建筑学，我们首先要应该期待中国的"文艺复兴"，并由此贡献出具备综合能力的大建筑师。

九、有大楼，没城市

土地切割出让，由不同利益目标的开发商去建设，而无人有效统筹、守望城市或城市区域的公共利益和城市文化，造就了各自为政的城市建筑。这就是以高楼林立为外表特征的大楼城市；景观建筑的造型狂欢，造就了舞台布景般的虚假形式。它们驱动着大楼城市的形象竞争。时代广场、财富中心，类似的项目名称到处可见。随着城市决策者、经营者和建设参与者的不断周游列国，城市建筑的模仿、猎奇愈演愈烈，各种皮相的外立面造型创新，形成了青春痘一般的城市建筑群。而这看起来繁荣，实际上却形成了千城一面的"符号冗余"：城市建筑个个都要体现标志性，结果就没有标志性。

问题的核心是，城市是地理、经济、社会三个空间的合一，更是一区域的整体环境。城市并不是建筑物的自然堆砌，把单体建筑加起来，并不就等于城市。换句话说，单体建筑上种种努力，在城市的角度，往往显得不得要领。

实际上，传统建筑学大厦所依凭的正是单体建筑。单体建筑规模、功能的复杂性是有着明显的限度。同样，它也有明显的思维习惯和工作界面的限定。因此，依照单体建筑的范畴来制定城市建筑的报

---

[1] 居伊-德波著：《景观社会》，王昭凤译，南京大学出版社，2007年5月第2版；

居伊-德波著：《景观社会评论》，梁虹译，广西师范大学出版社，2007年10月第1版；

正如德波在这两本著作中深刻分析的那样，景观取代商品，成为深度异化的核心内容。而视觉操作，就是景观的全部。

[2] 吴良镛著：《广义建筑学》，清华大学出版社，2011年4月第1版。

批、审定规范和标准，就只能造就当今大楼城市。相信这也是土地切细开发的专业动因之一。当今（单体）建筑学加城市规划这一城市建设模式，已经暴露出其深层次的学术缺陷。

那么，为了解决规划和建筑的脱节，中间加上个"城市设计"，这一问题是否能改观？"城市设计"在理论上本来就是这个意思。但当今的城市设计，实际上只是基于建筑设计的"建筑群体设计"。这远远不够。

城市设计不能是：既不是建筑，也不是规划。

城市设计必须是：既是建筑，也是规划。这二者只有一字之差，却有着根本不同。真正的城市设计应是有建筑深度的规划。而不是基于单体建筑的群体设计。

为此，吴良镛教授曾提出"广义建筑学"的概念，将许多业已被剥离的内容，重新纳入建筑学框架，使之成为一门综合学科，以应对日益错综复杂的城市问题。这是有相当高度的视角。事实上，维特鲁威的《建筑十书》所阐述的那个时代的古典建筑学就是综合的，文艺复兴时期的巨人时代，这种综合性得到再现。但是，后续的社会分工导致如今的建筑学变得如此单薄。因此，广义建筑学也许可以理解为复兴建筑学的一种努力。

也许还有一种思路，就是建筑应该回归城市。城市才是建筑之家。我们或许应该提倡一种"城市学"、提倡城市学框架下的"城市设计"，而不是建筑学基础上的城市设计。前者，聚焦在城市上，后者聚焦在建筑上。因此，我们倡导以"微型城市"，而不是单体建筑，作为城市的基本构成单元来研究。关于这一点，亚里士多德所言"城市是个大的建筑，建筑是个小城市"，点明了事情的实质。我们只有把微型城市作为一个对象，才能在历史、生态、社会、技术各个层面展开她的魅力。

十、大城市扩张和城市病

2010年，我国城市人口占总人口的比例是49.68%，这足以说明中国即将甚至已经进入"城市型社会"。[3] 随着城市化进程加速，城市问题越来越凸显出来。西方的城市病，已如约到来。人口过于向大城市集中而引起的一系列社会问题，表现在城市规划和建设盲目向周边摊大饼式的扩延，大量耕地被占，使人地矛盾更尖锐。"城市病"的根源在于城市化进程中人与自然、人与人、精神与物质之间各种关系的失谐。

---

③ 联合国将2万人作为定义城市的人口下限，10万人作为划定大城市的下限，100万人作为划定特大城市的下限。这种分类反映了部分国家的惯例。中国在城市统计中对城市规模的分类标准如下：市区常住人口50万以下的为小城市，50万~100万的为中等城市，100万~300万的为大城市，300万~1000万的为特大城市，1000万以上的为巨大型城市。我国常住人口超过1000万的城市有6个，而超过700万的已经有十几个。常住人口超过1000万的城市或多或少地都患有城市病，而且还有向中小城市蔓延的趋势。

这就有这样一个问题：西方资本主义社会的城市病，为什么我们社会主义国家也一样会犯？什么原因？也许城市问题是不分制度的、世界性的。有道理。可是，最直接的原因是因为，我们实际上借用了他们的模式：大楼城市模式。同一模式，当然，结果相近反而是很正常的。

快速的城市化，以及大城市的无限扩张，我们对此束手无策。如果我们没有自己的城市发展模式，那么，西方发达国家所经历的城市病，我们似乎无法避免，而且，对于他们的过往经验，往往也难以汲取。至少近15年以来的各项城市管理措施，证明了这一点。

比如小汽车以及交通问题。对于中国这样人口众多、耕地匮乏的国家，西方小汽车文明，显然不适合我们。应当限制小汽车发展，提倡发展快速、高效的城市公共交通体系。但是小汽车进入家庭的喜悦、鼓励，时常出现于报端。这说明城市管理者和汽车工业政策制定者之间各干各的，互相不协调。当然城市管理者也未必清晰认识到汽车问题的实质。比如目前江苏无锡，对新建居住小区的户配停车位的函数要求超过1.0，浙江也有类似情况。这种地方性规范本身就表明对国情视而不见。只有上海最前瞻，通过汽车牌照拍卖制度，控制汽车总量。其他大城市，对小汽车没有相应的控制措施。目前，汽车已经成为城市的一大公害，造成严重堵车、尾气污染。当然，现在也大力提倡新能源汽车和小排量汽车，这些政策和措施，就汽车工业和能源来说，是正面举措，但站在城市学的角度观察，并不触及我们问题的核心：我国国情使得我们的城市不适宜提倡西方社会的小汽车文明！

再比如房地产开发，就中国的巨大人口基数而言，城市住宅，就不宜开发大量的大户型住宅，更不宜大量开发独立住宅。市场并不能调节整体土地资源的配置。可是，对大户型和独立住宅却很长时间没有加以控制。只有通过恰当的行政措施、税收政策，加上市场手段，才能达到其"合国情性"。

只有具有针对性的道理，才可能成为真理。任何时候，我们不能忘记自己的客观条件。中国的城市化，为什么必须拷贝西方发达国家的模式，走他们走过的道路呢？按照希腊学者道赛迪斯（K. A. Doxiadis: Ekistics）的观点，大城市向特大城市乃至巨型城市的发展不可避免。如果真是如此，我们更应该研究适合于自己的城市设计思路或办法，来解决人口高度密集的聚居方式。对于我国未来的城市问题，当今的大楼城市模式给不出答案。

一、寻找自己的道路

大楼城市，表面光鲜，而背后的种种问题，如空气污染、水污染、能源短缺、堵车、不方便、生活压力……令我们怀疑大城市的生活，究竟是理想生活还是迫不得已？从历史角度看，当下的城市，尽管比起30年前大为改善，但这只是生产力的大解放，造就了物质生产数量的满足。但是，它的质量如何？它可以持续吗？

我们的问题是：我们究竟要建设一个什么样的城市？换句话说，究竟要营造什么样的生活？我们有没有什么办法，来改进、建立一个新的生活模式，真正让环境可持续，生活更方便，让文化能进驻？正因为现实不那么尽如人意，因此我们还得寻找新的措施。中国正处在城市化的高峰期，以后会有6亿人口过上城市生活，难道就没有更好的思路了？究竟有没有我们自己的活法？

百年来，西方城市建设的探讨，从霍华德的花园城市、柯布西埃的光明城、莱特的广亩城市、盖迪斯的城市理论、芒福德的城市文化、雅各布斯的城市批评、道赛迪斯的聚居论，等等，这些西方城市规划设计先贤从不同角度，贡献了他们的智慧。即使如此，西方城市规划设计也不好说能够驾轻就熟、操纵自如。相比他们，我们虽有悠久的历史和相应的城市文化传统，但是，我们实际并没有现代城市、大城市的建设经验，只有借鉴、学习、探索。比起西方发达国家一百多年的现代城市发展经历，我们最多也就30年。

更为关键的是，中国有着和所有西方国家不同的地理、历史、文化、人口、国情、政体。这就强烈需要我们搞清楚，在城市化进程中，哪些是独特的，哪些是普遍的。这就是说，要搞清楚，哪些是可以学习的，哪些是可以借鉴的，哪些是要坚决抵制的。

三十年的模仿和学习，不足于让我们建立起中国特色的城市理论和实践。实际上，多数时间我们忙于搞建设，还来不及多想呢！我们太忙了，以至于政府官员、学者、教授们也来不及研究。

但现实是我们最好的教科书：当今大楼城市的模式，是不可持续的。我们应当充分总结自己的经验教训。只有不断自我反思，我们才会迎来真正美好的未来。

有一点我们可以感到高兴：那就是技术的发展，为我们敞开了革新的大门。无论建筑结构技术、营建技术、大型复杂系统的管理技术、生态技术措施等，都为革新提供了强有力的支持。技术是无国界的、中性的。作为后发国家，我们忍受了落后的困苦、贫穷的无奈，我们也交了学费。但是，我们可以直接使用最先进的技术。难道不是吗？什么是后发优势？就是能引用最先进的科学技术！

另一方面，经过30年的发展，房地产企业，也已经壮大、成熟。我们的房地产集团的经济实力大大提升。我们应该利用这种提升，摒弃小地块开发、各自为政。地方政府完全可以有条件组织更大规模、更集约的开发。站在城市未来的高度，统筹城市建设。

我们要十分清醒，西方大楼模式不适合我们的物质和文化境况。上述西方先贤没有也不会替我们思考，中国城市化该如何进行。我们必须开动自己的大脑，牢牢记住自己国家具体的物质条件和文化语境。要善于从自己文化的精髓中获取能量，从自己的经验教训中总结解决自己城市问题的答案。

二、何谓"微型城市"

就国土资源和人口密度的实际情况，注定了我们无法像北美那样，追求花园城市、郊区化之类模式；我们同样也不能学欧洲的低密度；我们也许可以参考日本、新加坡和香港地区。但是，中国幅员辽阔却又不平衡，与这些国家和地区也很不一样。因此，中国的城市化，注定要走自己的道路。前30年学习苏联，后30年学习美国。事实证明都有方向性的偏差。

世界各国的大城市，虽有大城市的共性，但是，我们不能因此忘记自己的特定条件，这些特殊条件，影响到城市规划理论、城市开发、管理等所有方面。因此所有的借鉴，包括整体市场经济的改革，也不能忘了自身的特点。前30年改革的实践表明：城市建设土地过小的分割出让，各自为政，只会导致城市整体环境的混乱。

中国城市建设，只能秉承高容积率、高效率、复合多样性的原则。这样，第一，能解决土地高效使用，抑制城市摊大饼四处蔓延；第二，解决各自为政问题。高密度的城市加上各自为政，造成混乱和城市文化的碎落；应修改土地出让规定和办法。对切分过细过小的开发市场进行调整。从过度依赖市场经济，调整到勇于面对自身特点这个思路上来。建立有调节功能的市场，使之有利于城市的健康发展。因此，要提高市场准入门槛，对开发公司加以兼并、合作等清理，提高开发公司的整体水平。因为，城市建设和开发市场，是一个特殊的有关国计民生的市场。无论是国有还是民营，首先是合格的开发商，才能进行城市建设。换句话说，就是建立合格开发商（qualified developer）机制。第三，就是解决为城市营运提供高效率空间的问题。高容积率是必要手段，但高效才是真正目的。高效的具体办法就是复合功

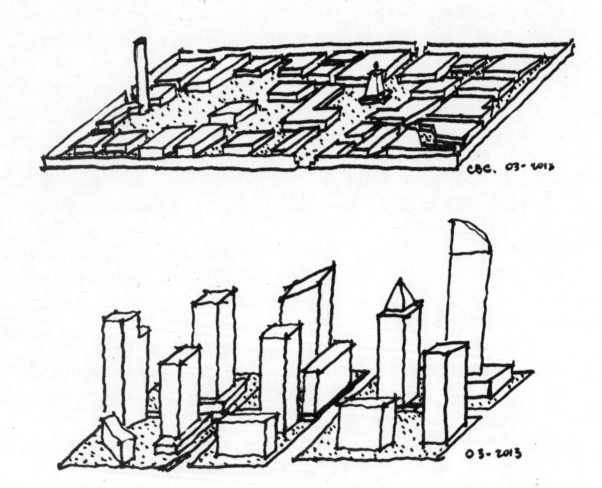

大院城市、大楼城市模式

能。各自为政的大楼城市，实际是改头换面的重复建设。楼与楼之间各自为政，哪来城市整体意义上的高效？大楼城市，其基本单元是一个楼，功能也是一个楼的功能。

但是城市运营的基本单元未必是一个4万~5万平方米以下的大楼。大楼城市之所以把一个大楼作为城市运营单元，就是因为它把一栋楼作为城市的基本单元，其背后的逻辑是：大楼盖起来了，互相排列在一起，城市就有了。大楼城市完全盲目、被动地服从于被细化划分的土地尺寸；服从于单体建筑学整套"学术"。也正是因为如此，大楼城市的基本性格是：有大楼，没城市。

我们完全可以重新思考单体建筑与城市之间业已割裂的关系，并从修复该关系入手。事实是，城市功能才是整体城市的基本单元。城市功能的规模，和标准建筑物大小尺度并非一一对应，它可能是一个大小不等的片区，或是一个"功能单元"，我们称之为一个"微型城市"（就是一个小型城市）。

如此，微型城市，作为一个城市单元，在不同的城市，或不同的城市区域，其基本规模尺度，可能在20万~100万平方米。这是一个巨型构筑（远远超越了一个普通高层单体建筑物），作为综合城市功能，服务于自身及周边的城市居民。

一个传统意义上的单体建筑，除了少量超高层建筑，其规模小得多、其所谓"功能"也简单得多。它与"城市功能"相距甚远。城市功能，在城市总图上，既可能是规划布局的设置，也可能是城市营运的事实状况；它是动态的、多样的。

只有微型城市，凝聚了城市功能，才具备城市意义上的高效。微型城市的概念，其批判性在于：大楼城市，过度依赖社会分工，比如一个楼，只负责某些单一功能，而其他功能，就必须在另一栋楼解决，这造成实际营运的不高效。在北美，买包香烟，也要开车的城市功能分区的做法，怎么能是我们的榜样呢？想反，中国传统的街道、商住一体的复合楼倒有参考价值；一般的生活、工作，完全可以就近解决而无需外出出勤；而大院城市的内部小而全，也有某种参考价值。只是，大院城市是低容积率的平面城市，那么，我们是否可以考虑改进它成为高容积率的综合功能的城市？我们难道不可以考虑建设立体垂直的大院？总之，我们的想法之一是：城市建筑，应该是一个小城市，它是构成大城市的"城市功能块"，所以说，它是微型城市，不是单体建筑。

这就需要我们彻底修改已陈旧不堪的城市规划管理条例。如果说在全盘西化的语境里，在早先引进市场经济时需要静态、刻板的用地性质和数字化指标达成简便、统一的管理是合理的，那么，在上述修正开发模式、提升开发主体的未来新语境里，这些条例在公共利益、公众参与的条件下，该是协商性的。因为，数字化管理，实际是为官僚体制制造各种便利，包括不作为、图方便，或者需要规划修改时给权力寻租以及腐败制造温床。只有灵活协商、公众参与、公开公共利益的办法，才会让高效城市开发成为可能。

城市的功能单元未必是一幢楼，而是一个城市功能单元——微型城市。微型城市当然有大有小，有简单有复杂，这就是微型城市的多样性。这种多样性，往下包含了已有城市大楼的尺度单元，但也往上包含了大型的综合城市功能单元：巨型城市综合体。这就为未来的城市改造指明了方向：我们无法也不需要用推土机推倒现有的城市碎片，而需要根据城市环境的脉络，适时插入微型城市，并作为"城市之胶"，粘合大楼城市时代留给我们的"城市碎片"。

三、微型城市和自然环境

现在的城市，就是钢筋混凝土的丛林。由于经济和规范的原因，一般在24米、50米、100米和100米以上几个层级，而且由于日照规范，高楼与高楼以日照避让，是它们之间的游戏规则，这使得大楼城市真的像丛林一般。

大楼林立的城市，除了城市规划中严格控制的若干可怜的公园和绿地外，放眼望去，就是灰蒙蒙的方盒子大楼！这显然是被地产经济绑架、被死板的条规束缚的可怜城市。城市和城市生活屈服于短视的经济原则，而不是二者的协调统一。城市中没有自然，因为每一寸土地都被财会人员计算过多少价值。仿佛城市就是反自然的，要亲近自然，就得开车去郊区、山区。

城市空间环境的反自然和环境质量的恶化，是城市衰败的基本征兆，随之而起的是城市社会环境的恶化。西方自由资本主义城市衰败的核心问题就是中心区环境恶化，因此，郊区化，人口外迁等方案纷纷出笼。早期的西方城市规划设计理论正是针对于此，提出各种解决方案。大楼城市中心的衰败，对中国来说，只会更糟，因为我们总体上没有他们那么强的生产力基础，也没有他们那么多的土地资源可供"郊区化"发展。

因此，唯有发展高容积率、高度复合、尺度不一的微型城市，我们才会在整体高容积率的情况下，让城市拥有必需的、使城市生活有尊严的、有相当规模的自然环境，而且是在城市总体用地规模扩张不太多的前提下。这是因为，微型城市的高效、集约导致了城市整体土地资源的节省，而微型城市将自然景观和建筑物合二为一的思路，解决了生产、生活、游憩分离的问题。

即使如此，我国城市内人均拥有公园绿地面积，如果作为一个指标的话，也不能按照西方标准。我们的城市建设思路应该是：更集约复合的建筑形态、更多的集体共享的设施（包括公共交通）、更多的公共空间；更少分散布置、更少的私人独享设施（包括小汽车）、更少的私人小别墅。只有通过有限资源智慧、充分地使用，才能解决人均资源紧缺的问题。因为，我们不具备其他国家的人均资源（尤其是土地、能源等核心资源；还有环境容许的排放容量资源）。在这个意义上说，我们的城市建设照搬西方大楼模式是不得要领的，而且会造成严重后果。这也是我们要批判大楼城市的基本判断。

因此，由微型城市构成大城市的基本思路，使我们的城市得以重新拥抱自然。也许今天的技术，还不能支持我们重返自然，但可以做到与自然共生和平衡。

四、微型城市和生态

人的活动和城市建设不可能不破坏大自然，问题是如何少破坏。因此，讲生态城市，首先要讲的是生态的方式，其次才是生态技术。

提倡城市要有生态的方式，首先得向农村学习，而不是相反。农村的生活模式，是生产、生活、生态三位一体，在同一空间进行。农村的经济，是循环经济、整体经济。比如自己生产，自己消费、废物利用、可以饲养家畜，等等，接近于自给自足的、生态模式。这种模式，减少中间环节，提高了利用率。

沿着这个思路，城市规划思想的转变首先要否定的是"功能分区"，这是极不生态的方式，市民奔波于不同的功能区块之间，人的生活围着既定的城市功能转，人困马乏，极不经济。城市应该按照人的生产、生活、生态需要来规划。城市居民的日常工作和居住、购物、运动等生活应按照就近安排的原则，尽量减少不必要出行。只有当居民需要到城市一级的公共服务设施，比如歌剧院、音乐厅、市级展览馆等，才需出行。减少汽车的使用，使高效的公共交通成为可能。这就是生态的规划方式。

这就产生了微型城市模式。微型城市，就是一个"超级建筑"，里面有居住，有办公，有购物，有娱乐，有餐厅，有酒店，甚至有托儿所、医院等。根据不同的周边环境，来设置其功能的复合度。很多情况下，人们甚至可以不出大楼，或者就近，就能满足一般性的生活需求。作为开发，微型城市是功能复合、高密度、高效集约的开发模式，完全超越了大楼的概念。这种模式的深化，也会导致微型城市内部功能的融合，有着广阔的前景。

在这种高度集约的微型城市里，各种生态的技术包括太阳能等新能源、生物降解和循环利用新技术得到用武之地。微型城市的生态方式，在未来，甚至可以和现代农业结合，发展城市垂直农业，进一步向自给自足发展，实现自我循环。因为对环境污染最大、对生态多样性破坏最严重的恰恰是农业（尤其是高强度的农业生产），因此，减轻农村的农业生产压力，就是减轻生态压力。这就在更大的视野里，达成生态方式。

因此，微型城市，是"生态城市"的初级阶段。生态城市，才是我们的方向。有"生态城之父"之称的芬兰人艾洛·帕罗海墨为我们描绘了一幅生态城市的生活图景：

在生态城中，大多数居民消费的食物是他们在自己的城市中生产的，有机废物可以通过组合和生化制造进行再循环；生态城包括根据田地而调整的建筑区域、商务森林和公园式的自然保护区；城区的一大部分保留用于太阳能、风能发电、岩土热泵、生物发电，生物发电会向大气中散发二氧化碳，但植物又从大气中吸收了碳，所以保持了某种程度的平衡，大气中碳的负担也不会再继续增长。

生态城还应包括人工鱼池和绿色蔬菜大棚，正如城市的其他部分一样，人工池还可以与生物水处理系统和绿色大棚的能源供应结合起来，一个生态城将拥有一个封闭的水循环系统，这意味着水并不是从城市外部引进来的，污水也不会输往城外；废物的管理和材料的循环使用与生态城的其他行动无缝融合在一起，利用有机废物进行发电和施肥是整个行动的一方面。通过这个办法，废物的管理、发电和食物的生产被连在一起并形成一个整体系统。

在生态城里没有小轿车，而是被其他交通工具替代了，这些交通工具因为是电力的并且通过城区导航系统进行控制不会污染空气。当然，生态城将拥有一个现代的综合数据交换系统，居住在独栋别墅中的居民们可以不用见面就很容易交换信息。

中国的生态城市未必一定要和上述描述完全一致，但上述生态城已经勾画了基本梦想，它是未来城市建设的指导思想。生态城市是"大集约化"的微型城市。回到当今大楼城市的现状，未来城市更新的第一步就是"小集约化"的微型城市。

五、微型城市和文化传承

微型城市的第一个特点是鲜明的的针对性，这表现在直面我们自己的问题，对过往城市模式有着批判性甄别能力。以微型城市来观察，如今的大楼城市一个最严重的问题就是非人化，只见物不见人。人很渺小，又无处可逃，这就是大楼城市造就的精神沙漠。大楼可以安身，但未必能安心，使心灵、精神得到归宿。而另一方面，上世纪五六十年代的大院城市，有着便利、紧密的的邻里关系。

微型城市的第二个特点是其开放性，表现在对现代技术包括生态技术的拥抱。

微型城市的第三个特点是作为一个城市建设的思想框架，它不仅是一种解决城市功能的思路，也是通往新型城市文化的道路。这体现在它对本土历史文化认同并加以创新的活力。

中国城市的发展模式，离不开中国文化的滋养。但中国的文化传统，在近现代的现代化转型中，遭到各种形式的全盘否定。五四时期的批判和"文革"时期的批判，都把传统文化当做阻碍我们前进的绊脚石。

然而，文化有很多层次，并非铁板一块。某些文化僵化的方面，不适应时代发展，是要当做文物，打包置于一旁。但是文化精神，却一脉相成，难以隔断。革新，未必一定要切断文化传统。传承久远的优秀文化品格，需要我们认识和引用，焕发新的活力。中国传统思想，追求人和自然和谐相处，而非人定胜天。师法自然，从中学到为人做事的道理，这些都是优秀的东西。

微型城市，之所以被我们以"高山流水"来概括，就是要借鉴中国传统中的优秀文化。就以中国文化最最基本、核心的基础汉字来说吧，汉字来自观察自然、并加以提炼，形成象形文字并不断演化至今。[①] 而中国的文字书写，也能够在是书写功能之上，升华为独一无二的书法艺术，始终讲究的是自然灵动之理。

王时敏 南山积翠图

人和自然、山水共在的境界，一直是中国文化里生生不息的追求。古代山水诗词，数不胜数，吟咏的都是人与自然间有意识的、动静观照。随便举例，妇孺皆知的如王维的《山居秋暝》：

空山新雨后，提前晚来秋。明月松间照，清泉石上流。竹喧归浣女，莲动下渔舟，随意春芳歇，王孙自可留。

陶渊明的田园诗句如"采菊东篱下，悠然见南山"，体现了一种生活境界。

我们为何不可以在微型城市以及由微型城市构成的城市里营造这种境界呢？

再有，中国的古典园林，则是古典文化的集大成者，是人、建筑融入自然山水，并且将生活场所，高度提炼升华为立体的画、有形的诗。江南私家园林，尽管很小，也力求小中见大，通过艺术手法，做到咫尺天地，将建筑、山、水、树木、花卉和自然环境融为一体、精微至极。皇家园林，更是气魄宏大，把生活场景放置到山水天地之间。我们的微型城市，为什么不可以吸收这些古人积累的文化成果呢？

再说中国的绘画，以山水画为核心，展现了中国文化独特的性格。千百年来，中国山水画家，描绘着心中的生活理想，形成了蔚为壮观的山水文化。这不正是我们在现代技术帮助下，不是平面二维而是三维立体的城市空间的向导吗？

总之，丰富多彩的中国文化遗产，是我们的思想财富宝藏，可资发挥运用。只有因自身的精神萎缩和创造力的枯寂，才会反过来责怪传统文化，这好比胃口不好，不能反过来怪食物。这从另一个角度说明，我们现在还没有达到古今中外，皆为我用的文化自信之境。因此，我们需要进一步积累能量，并期待中国文化的"文艺复兴"。

城市建筑本身就是一个国家、一个民族的文化的外在有形呈现。当今城市建设全盘西化、食洋不化的实践已经表明：脱离自己民族文化的根基，必有无本之木之虞。我们必须自己独立思考，直面我们自己的城市问题，提出自己的解决方案。文化的力量是解决我们复杂现实问题的根本力量。充分引用现代技术成果，继承并发展这些文化精髓，才有可能找到自己的答案。

---

① 《易经·系辞传》：

"古者包羲氏之王天下也，仰则观象于天，俯则观法于地，观鸟兽之文，与地之宜，近取诸身，远取诸物，于是始作八卦，以通神明之德，以类万物之情。"

"圣人有以见天下之赜，而拟诸其形容，象其物宜；是故谓之象。圣人有以见天下之动，而观其会通，以行其礼。"

一、综　述

　　微型城市是构成城市的基本单元，是微型城市集合成为城市，而不是建筑或大楼的集合就成为城市，这是根本的不同。如果要比较大院城市和大楼城市，那么，微型城市认同大院城市的某些品质，比如自足、很强的社区感、空间的围合感、建筑的非视觉化等；微型城市，也希望吸收大楼城市中的技术成果，包括机构技术、设备技术等。但是，它是完全不同的一种城市概念。

　　作为组成大都市最重要"活体构件"的微型城市，它是局部高容积率的超级建筑。正确地说，它是垂直城市，如果允许打个比方，它就是一个垂直建造的大院，或者说，是一个垂直建造的聚落，但它又综合了现代商业城市的种种服务功能，并且高度集约化、复合化、智能化、开放化、社会化、生态化。它拥有紧密的内部联系、丰富的内部空间形态，但不像平面的大院城市，

未来的农场示意（图片来源：《垂直农场：城市发展新趋势》）

或者村落那样自我封闭。微型城市，是一种垂直城市，它以密度和质感，解决人口和用地间的矛盾。它的切入点，是从建筑与城市关系的模式转变入手，重建城市生活模式和核心价值，建立新型的城市构筑肌理。它强调高效的公共交通，将以釜底抽薪的方式，大大缓解城市交通和空气污染。

对内而言，微型垂直城市就是一个自足的城市，随着都市立体农业的成熟，它还是一个自给自足的城市；对外而言，它为城市留出相对富裕的外部自然环境。

微型城市，对全新的开发，它可以是一种开发模式。对广大已经建成的大楼城市，或自然生长的城市，它还是一种城市有机更新的新方法。比如，在大楼城市的更新改造过程中，可以因地制宜、应时制宜地开发微型城市。它就像强力黏合胶，担当黏合现有城市碎片的功能。微型城市的复合功能，既可以自我服务，也可以对周边业已建成的大楼服务，形成城市的重要功能节点和地标节点。因此，微型城市作为城市更新的根本手段，连接着现在和未来。

概而言之：

未来城市不是单体大楼的平面排列和堆砌。

未来城市可能是：微型城市+已有大楼城市再作的社区+公共活动空间。

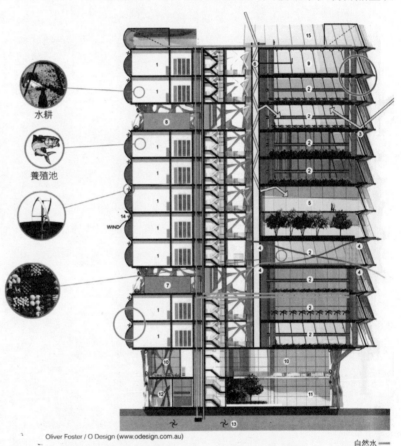

Oliver Foster / O Design (www.odesign.com.au)

自然水 ——
過濾水 ——

ODESIGN 在澳洲設計的「可堆疊」垂直農場

1. 水耕、氣霧耕、加工或暫存區（混合）
2. 作物區（大型作物栽種）
3. 反射邊或採光架
4. 策略性放置的通風口，可提供多種通風方式（進一步滿足不同種植方式的需求）
5. 果樹區（較密集耕種）
6. 光管—將自然光最大化
7. 工廠樓層（位置可彈性調配）
8. 貯水樓層
9. 餐廳
10. 自助餐／餐廳
11. 入口
12. 儲藏室
13. 水力渦輪發電機（因地制宜）
14. 風力渦輪發電機
15. 屋頂農場

可堆叠的垂直农场示意图（图片来源：《垂直农场：城市发展新趋势》）

二、微型城市和"Urban-tecture"

正是由于传统城市建设模式里，由城市规划确定基本布局，再把生活空间的建造交给了传统建筑学，因此才形成了大楼城市的局面。微型城市的核心思想是让建筑回归城市、城市落实到建筑，因此，它不是传统建筑学，或可称之为 Urban tecture（城市构筑）。它弥合了建筑和城市之间的脱节。将"城市"和"建筑"两个概念做互文性、同义化改造：建筑即城市，城市即建筑。

微型城市、城市构筑，它是面积在20万~100万平方米的巨型构筑物，因此，它落脚在城市的概念上。为此，必须首先建立既不同于传统建筑学、也不同于传统城市规划的"城市学"，微型城市是城市学的基本研究对象。

微型城市，将业已割裂的规划、建筑、景观、室内、生态、建筑技术学科整合到一个学科。

三、微型城市和紧凑城市

微型城市，是一种紧凑城市的策略 [1]。中国城市的现实——人口和国土之间的矛盾极为尖锐 [2]。随着经济发展、人口增长，土地资源短缺日益加剧。保护土地资源，协调人口和土地的关系，控制土地资源减少和破坏，确保土地资源可持续利用，是一项十分紧迫的任务。这导致了整体上走紧凑型城市的必然选择。

但紧凑不等于密不透风，而是整体的高容积率，节省城市用地。紧凑城市的总容积率可以在3.0~4.0，微型城市的净容积率在6.0~9.0之间。实际上，大楼城市所谓CBD容积率有的已达9.0左右。而大楼城市的整体容积率，甚至不到3.0，只是大楼城市的分散、道路以及组织上的各自为政，造就了拥挤和城市环境的不堪。

因此，紧凑城市一定是整体的、精致的城市设计，而不是粗放的城市开发。

微型城市，还是缓解大城市高房价的根本措施。当今高房价的最主要原因，就是城市土地供给的紧张和不足。与此同时，我们的传统城市建筑管理模式，又无力对业已紧张的城市用地，进行高密度的精耕细作。相比于土地紧张，大楼城市的设计和管理，都是低效而且浪费。不改变这种系统性的低效和不合理，控制房价，无异于扬汤止沸。

另外一个层面，城市土地供给紧张的客观因素是18亿亩农业耕地的底线。由于微型城市未来引进安全、高产、可控的城市立体农业 [3]，解决部分农耕压力，那么，农保用地的底线就会产生松动而无粮食安全之虞。只要土地供给稍有放量，土地价格就会下降，城市高房价就会釜底抽薪。

四、微型城市和城市学

微型城市不是功能单一的大楼，而是功能复合的综合体、城市片段。是生产、生活、游憩多位一体的生活空间，它首先要打破城市用地性质的人为定义和限制。同样是城市土地，以往它的性质，使用年限等均来自人为的规定。而附着在土地性质之上的指标，来自城市规划管理的便捷性和统一性。但是，功能复合的微型城市，首先要求精细化的以人为本的城市管理。

微型城市同样要打破基于单体建筑的现行城市规划管理条例。

这就是为什么必须建立城市学的原因。现行城市建设，是规划加建筑学的模式，这一模式，将城市在学术上人为划分为两个不同领域。只有将二者统一的城市学，才能直面本来就是一体化的城市。城市学视野里，只有规模和复杂性的分类，却没有专业的划分和壁垒。

微型城市的要点之一就是直面城市生活的事实：它强调了一定程度上的自给自足和充分的社会化各得其所，而不是人为提高城市营运的社会化程度。因此，微型城市并非标准化配置和功能复合，而是根据场地的城市脉络和具体状况确定。每个微型城市都要经过专门的研究，每个微型城市，无论从产业上、功能上、生活上、文化上，都会有自己的定位，形成自己的特色。微型城市的功能定位、特色，尽管在一定时间内相对稳定，但并非一成不变。它可以根据情况的变化，进行改造。因此，适应性，是微型城市的特点。

微型城市，对城市交通问题的解决，显然也是革命性的釜底抽薪。微型城市是把大楼城市中各自为政的城市建筑进行整合、组合。每一个微型城市之内，由于功能复合，一般的日常工作、生活、娱乐都能得以解决，所以大大减少了出行需要和对汽车的依赖。而微型城市与微型城市之间，则可通过城市快速交通连接，大大提高交通能力。

① 参见:《紧缩城市——一种可持续发展的城市形态》，迈克·詹克斯、伊丽莎白·伯顿、凯蒂·威廉姆斯编著，周玉鹏、龙阳、楚先锋译，中国建筑工业出版社，2004年第1版。
② 我国国土面积约占世界陆地面积的7.07%，而人口占世界总人口的22%，人均土地仅0.8公顷，只及世界平均数的1/3，人口密度125人/平方千米，为世界平均数的3倍，比1949年（46.0人/平方千米）增加79人，增长172%。人口密度增大意味着人均土地面积减少，人的生存空间缩小。
　　我国耕地面积仅为世界耕地面积的10%，人均耕地0.08公顷（1.185亩），不及世界人均的1/2，仅相当加拿大的1/17，美国的1/8。随着各项建设的发展、人口的增长、耕地在缩小，加剧了人地供需矛盾。
　　我国森林面积占国土面积的比重（13.4%）远低于世界平均水平，在世界各国中居120位，人均森林面积仅相当于世界平均水平的13.8%，森林蓄积量居世界第5位，人均蓄积量相当于世界人均水平的15%。我国属于世界少林国家，森林资源不足。
　　我国草地面积总量虽占世界第四位，但人均草地只及世界水平的1/3。我国草地主要分布在北部和西北部干旱、半干旱地区，草场质量较差，生产力较低，草地资源减少而牧区牲畜头数增加，超载过牧现象严重。
③ 关于城市立体农业的激动人心的图景和知识，参见迪克森·戴波米耶（Dickson Despommier）博士的著作:《垂直农场：城市发展新趋势》，林慧珍译，台湾马可孛罗文化出版，2012年1月版。

五、微型城市和城市再作

微型城市同样有两种存在形式，一是全新的建设，一是城市的更新改造。

前者，我们已有过详细论述，而且也有"图纸上的建筑"加以进一步示意。它在城市中作为城市黏结剂，黏结业已散裂的城市碎片，形成大楼城市加微型城市的"马赛克"（MOSAIC）。马赛克的意思是，不同类型的东西同时存在于一个城市里，这就好比八宝粥，有花生，有豆子，有大米，而不是芝麻糊。这就造就了一种密度不一、规模不一的现实状况。微型城市容许这种历史情形。微型城市本身包容了历时性。

而后者，就是城市再作：即对现成单一功能的城市片区、各自离散大楼进行升级、更新、再作（REDO）。微型城市不是一种建筑形态，而是一种城市组织原则。因此，微型城市又是城市再作的一种基本方法，面对大楼城市的现实，微型城市反对柯布西埃"巴黎改造"这种做法：推倒重来。相反，作为更新，我们无需大拆大建，我们只需要以微型城市的原理，对现有建筑进行功能置换、整理、连接、加减、修补、弥合等等"修改"和"深加工"，就可以全面更新的城市功能。

比如说，陆家嘴的CBD，我们不可能也没有必要把大楼推翻重来，我们只需要调查、梳理、重新整理其功能配置、公共空间和公共服务、公共交通，就可以获得一个更高效、集约、人性化的城市片区。对陆家嘴来说，显然我们需要更多居住单位、更多生活服务设施、更加人性化的户外空间，以及对公共交通如地铁的改造，以及公共接驳巴士，等等。

再比如上海张江科技园区的建成区，拥有大量生产企业及青年住宅，所缺乏的是商业服务和文化服务设施。这些建成不久的新区，一没有用地，而不到拆迁的条件，填平补缺式的城市再作就是最有效的办法。

事实上，这类城市再作，既经济实惠而又容易达成。这些改造措施，可以是渐进式的。除了专业的城市设计和管理者外，还应发动产权人、本地居民及社工等人员一起参加这种城市更新运动，因为他们作为真正的城市主人，本身就有大量既符合实际、有富有智慧的意见和建议。它的核心思想，就是把城市贴近生活实际，把城市理解为综合功能、复合功能，而非纯净的单一功能。事实上，这也是微型城市最基本的思想。尽管再作的微型城市，残留着大楼城市的痕迹，而且往往也是平面城市，但是这是最佳的综合。

六、城市整合建设（Re-integration）

面对大楼城市的碎片化倾向，微型城市企图在概念上弥合城市的整体性。然而，无论对于微型城市，还是常态的分散建设，有必要重提城市的整体性，以期获得一体化的建设或一体化的重新整合。

建筑和城市一体化：

微型城市本身就是建筑城市的一体化。

建筑和景观一体化：

建筑和景观，往往被当做两个东西、甚至在两个专业里完成。建筑景观一体化，首先是指二者是一个连续、互为前提的完整整体；其次，是指建筑和景观本身就是一个东西，或者说是一枚硬币的两面。

室内和室外一体化：

建筑里的专业分工，已经使得土建和室内设计由两个专业完成。室内，甚至被理解为装修、装潢。不考虑室内的建筑设计，能是个什么样子的设计呢？这就使建筑的整体性大打折扣。相反，中国古代建筑却不是这样割裂，建筑建成之时，也是室内完成之日。建筑室内，能看到建筑是如何被建起来的。这值得我们学习。

历史和现实一体化：

城市历史建筑的命运，往往不是被拆掉就是被仿造。前者和后者表现方式如此不同，但内核却一样：就是不能面对历史的真实，不能尊重这种真实。

尊重历史就是尊重现实。对待城市历史建筑的态度，某种意义上表明了对待现实的态度。对待历史建筑加以承认、保护、利用，既是文物保护专业的事情，也是城市设计的事情。只有实现历史与现实一体化，才会造就城市文化的丰富性、生动性和延续性。

七、微型城市的规模和层次

微型城市按照其规模、主体业态可分为的4个层级：

（1）小（S）：商务、写字楼、酒店，20万平方米以下

往往在旧的"CBD"附近，会有很强商务功能的、专业性很强的微型城市，其特征不是功能的全面，而是内部功能的复合性。

（2）中（M）：大型商业项目，20万~50万平方米

这一规模的微型城市，通常显示为社区商业或区域商业中心。它的背后，是100万~200万平方米的居住建筑及其定居人口。这类大型商业项目，针对不同的社区状况和不同的城市商业区位，功能会有所调整。不过，这类微型城市，往往是周边人群及少量外来人口的消费场所，更是他们的城市客厅。

（3）大（L）：城市综合体，50万~100万平方米

这一规模的微型城市，相当于当前十分流行的"城市综合体"。就是将城市中的商业、办公、居住、

旅店、展览、餐饮、会议、文娱和交通等城市生活空间的部分功能进行组合，并在各部分间建立一种相互依存、相互助益的能动关系，从而形成一个多功能、高效率的微型城市。它具备了现代城市的大部分功能，所以也被称为"城中之城"。

所不同的是，当今流行的综合体，绝大部分仍是传统"城市设计"，其形态实际是密集的大楼群。尽管其功能配备齐全，但无论从交通、运营等，基本没有修改大楼城市的基本模式。这种既传统而又高强度的开发模式，背后仍然是唯经济因素的城市建设模式，造成对城市资源的透支和环境的进一步恶化。如不加以阻止，很难期待有长远的、良好的结果。如果要举个例子的话，上海第一八佰伴一带，就是这种状况。

（4）超大（XL）：综合集成，500万平方米以上

综合集成针对的是新城的开发。它不是城市中的新建，而是集合了产业集成、地产开发、基础设施开发以及微型城市开发。可以参照的就是十几年前大行其道的各大城市的"卫星城"、开发区、新区以及由于产业导入而设立的新城。但是，以往的开发模式，造就的往往是大楼城市的翻版。

上述四种微型城市"尺码"，只是为了便于说明而作的大致描述。微型城市，不是一个固定的东西。

微型城市是一种有别于大楼城市的思想。因此，微型城市，是思想中的城市。作为一种开放思想的尝试，上述内容只是一个通向明确目标起点，路还很长。而后面《图纸上的城市》中所要展示的尝试，将从另一个角度，说明这一点。

图纸上的城市

山水之城 证大外滩金融中心

时 间：2008年

地 点：上海市南外滩

事 件："地王"的建筑竞赛

项 目：上海外滩金融服务中心，地处南外滩，东至中山东二
　　　路，南至东门路，西至人民路，北至龙潭路。用地约
　　　68亩，地价约90亿元，是当年著名的地王。地上建筑
　　　面积27万平方米。地下13.3万平方米。周边环境：地
　　　块西邻著名的城隍庙，东侧是黄浦江，北侧是城市公
　　　园，南侧是久事大厦、上海银行大楼。

策 划：21世纪的新外滩应该是个什么样子？南外滩8-1地块应以怎样的城市建筑，贡献给南外滩？证大集团在投标之前，已经开始对该地块进行过建筑方案的概念设计。证大考虑的是：①老外滩是百年上海的殖民文化的表征，应建设一个和老外滩、老金融中心对偶的、能表征21世纪新时代的南外滩；②能在文化上延续发扬城隍庙本土文化精神，体现中国山水文化精神的新建筑；③大量的商业设施，能体现新世纪商业文明、成为上海市里著名的"城市客厅"。

做 法：证大在获得这个地块之前就做过概念方案用以项目论证；获地之后，邀请了许多国内外建筑师来做方案。参与的有日本的矶崎新、美国的SOM、RTKL、KPF、荷兰的OMA、MDRDV、英国的Heatherwick Studio、威尔金森艾尔、中国香港的许李严、中国大陆的俞挺、陈伯冲等。这些方案，琳琅满目，以各不相同的面目展示了建筑师们对该地块未来的理解。方案和图片说明内容的原稿，分别摘录列后：

1. OMA：都会风光

设计理念：

希望透过此设计表现上海的特点锚定此基底。我们特别注意外滩、豫园及浦东地区，与每个特定地区建立视觉及实在的联系。一个崭新的身份特质，可透过预计和利用该城市多样性的对立而建立。设计融合不同规模、地区与国际风格，尽显丰富性。设计连接大楼与裙楼，包括"硬"结构及"软"元素，综合了自然形态及人造建设。

我们的设计并没有采用一贯做法，树立一系列独立大楼，而使在基地布满一个由小单位组成的大型商铺群——一个由一系列倾斜式格局综合基地周边的不同情况，同时容许每个项目在大楼内保持自己独特的编排，可以将基地的潜力最大化。

底部高度不同的倾斜大楼群组制造一个相互共融的综合体，创造出切合不同项目要求和都会杂性的城市市貌，也切合城市的复杂性。

透过创造一个由个别不同大小的元素组成的综合体，让每个元素切合项目需要，我们于基地制造了一个协调城市不同规模的都市纹理，直接回应中国社会的急速改变。

此综合人楼的整体完整性，令大楼能够成为上海拥挤的天际线当中的一个地标。上海目前的天际线都用相同的方法吸引注意力：高度与形态。

外滩金融中心的幕墙体现出包含于建筑内的各种不同相关联功能内容，并根据四个朝向各自不同的日照要求进行设计。幕墙的基本结构为水平方向和竖直方向上具有主要结构的铝质幕墙。

分格与模块性为施工带来最多的灵活性。在塔楼较低部位的木材与石材为底楼层的访客带来温暖、亲和的感受。

水平方向和密直方向紧密结合的幕墙分隔展示出大楼的静态。而在较高楼层处幕墙的分隔划分密度降低。在顶端仅保留铝质主要的结构结构，而由木材到钢材的渐进变化将塔楼的外观从一传统的旧建筑类型转变为一项新的、现代的玻璃和钢结构幕墙。

The Shanghai Global Financial Center façade reflects the different interlinking program elements contained in the building volumes and is tailored to anticipate on the different solar gain requirements of the its 4 different orientations. The base structure of the façade is an aluminum curtain wall with a horizontal and vertical primary structure.

The grid and modularity allow a maximum of flexibility in construction. The timber and stone materials in the lower parts of the towers give a warm and human relation to the visitors on the podium level. The dense horizontal and vertical façade grid reflects the statics of the building and lightens up on the higher levels. Only the main aluminum structure remain on the top levels and the gradual shift from timber to steel materials transforms the towers appearance from an old traditional construction typology into a new and modern glass and steel façade.

如何为城市塑造一个清晰明确的身份特质的同时，建立联系各元素的桥梁？

在纯粹的视觉形态及形象以外，我们创造了一个建筑及城市历史的重新整合。我们的设计不单注重成效，也关注项目功能性以及联系逻辑，提供一个引人注目的形象，回应其复杂的周边环境。

这个由不同元素构成的综合体能够形成小型的布局，从而在首层创造出令人意想不到的聚落体验。在地下，大楼的大块面积渐渐倾斜，创造

一个贯通基地，连接旧城及位于高处享有外滩景观的视觉连接。该空间两旁有零售及文化项目，将人们引领入商业项目。每个建筑具有不同大小的平面，令同一座大厦内可承载不同的功能项目，而布局按照旧城的小规模建设思维，糅合基地周边不同类型。

　　方案继承了当地老城区的建筑尺度与形式，以重建人与人之间的亲密关系，它更重建了老城区与江水的联系，并重构外滩的天际线，与自然的山岭外形有机结合。项目的斜坡为老城区带来视觉入口已连接通向滨江长廊的大片景观园林设计把高楼和裙楼结合，历史风貌被融合于现代建筑中，国际办公室与特色纪念品商店并容。写意的都市纹理蔓延至史诗式的建筑链。

2. Heatherwick studio、Foster+Partners：宛自天开

设计提案：

　　从大自然和画中提取灵感，从水体中升起交错排列的五栋塔楼就仿佛是湖中的山石。从外滩看过来，它们呈现连绵山脉的形态，轮廓向天空逐渐收拢。当访者逐渐靠近时，可以看到五栋塔楼之间的空间形成一个象征性的拱门，而建筑底部也展现了一座秀美的花园。

　　成群的塔楼完成了外滩的滨江走道上的一系列的建筑，重新将老城区跟黄浦江相连。为了尊重现存老城区的尺度和基地的历史意义，设计并没有模仿传统建筑材料和装饰，也没有仿制不同尺度的传统建

筑。反而，外滩国际金融中心以独特的语言为这个城市添加资彩。其优美的体量向上延伸创造一个个空中平台，形成了上海的新型地标。建筑用山体的造型清楚的表现了简单、自然的水流、光线和山石的组合。

其中的三栋塔楼在高处相连形成了拱门的形状，人们可以步行穿越其间。运用绘画中的构图手法、基地周边的流动以及在塔楼内和塔楼间穿行的旅程也经过了认真的考虑。经过精心设计及考虑，交通流线创造了人们邂逅的机会，鼓励发现和探索。在向上攀升的过程中，访客的焦点从物质转向精神，直到最后到达位于第二高塔楼楼顶的自然精神空间。一系列的餐厅、空中大厅和精品商店就像上海金融中心中藏匿的珠宝，镶嵌在建筑和走道之间，仿佛山路中的一个个驻足之处。

从上海的历史地图可清楚看到19世纪外国租界区的规则格局和密集交错的老城厢区的分别。新建筑的流畅布局是回归老城的规划的方式。老城区的尺度和气氛被重新诠释为空中街道，以架空的手法使下部可有公共活动和花园空间。这个新兴大众空间的核心是有浦东天际线和老城区景观为壮观背景的露天剧场。

　　每栋位于建筑底部的池塘引入了统一的自然元素——水；这使人联想到传统水乡和苏州园林。回归到最古老的的开始——上海的起源——流水象征存在于过去和现在不同的文化影响。平衡于流畅和雄伟之间，水体和水上花园重新连接了黄浦江和老城厢的历史。

　　就像画中穿越山间的小路一样，这项设计也蕴含了源头和道路的意念。流水如源自池塘，穿插环绕五栋塔楼，通过喷泉、瀑布淌过岩石。这是一部分来自创造，一部分来自想象的幻境，构成了主题中不同部分的视觉联系。水在设计中有各式用途，按照水体的位置和功能有不同的深度、速度以及亮度：水疗和公共浴场有益身心，水雾和瀑布能营造出独有多变化的人工气候。水也是新兴环保生态策略中的一部分，可以跟被动式或主动式设计相结合，并回收废水用于浇灌，旨在达到LEED鉴定资格的"金等级"。

3. ROCCO 许李严

设计理念：

善藏者未始不露，善露者未始不藏。

仰望碧天际，俯磐绿水滨。

路径迂回有道；视向转换有致；空间收放有序；景观俯仰有时；登高浑然忘我。

方案一

　　设计参照老城厢及豫园商业区的建筑物及人性化空间尺度，创造出一个迂回曲折且高低起伏的立体商业街系统。商业街呈环状布置，环环相扣并围合了多个不同尺度、高度及个性的院落空间于其中。

　　行人置身商业街中如走在山城栈道中央，可沿途尽览黄浦江及老城厢景色之余，亦可直达住宅及办公大楼，形成一个立体交通及空间网络。

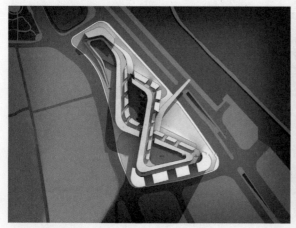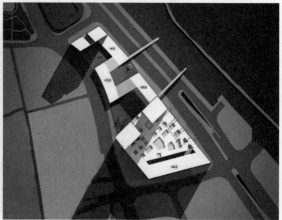

方案二

设计由连串如梯田般的平台从西北角地面环环向上伸延而成一商业山丘。每层平台均融合了不同的艺术院落及室外观演空间，分别朝向黄浦江或老城厢以街景为舞台背景，别具上海特色。平台遂步向上伸延至东南角而成一大形有盖半室外表演场地。悬于上方是参照老城厢的里弄及中庭民居设计而成的空中弄堂。行人可从商业山丘屋顶通过栈道画廊直达空中弄堂。

4. MVRDV：抬起的城市

设计概念：

外滩的延长

外滩国际金融中心，将位于上海的一个首要和关键的位置。它直接面对浦东金融中心区，它也是经典外滩的南向延伸。

也许，真正的议题是：如何在这个巨变时代延伸外滩？什么是未来的新外滩？

显然，延伸和联接现有外滩浦江沿岸景观带是必要的。这种延伸提供了更多的空间享受，也提供了未来经济发展的潜力。

外滩的立面

但这样的空间需要怎样的建筑物？

它是一种租界欧洲别墅类型的延续？抑或是一种对岸浦东金融区的复制——不停重复的超高层？

或者是否可以是旧城肌理的扩张，来显示了上海丰富多彩的城市核心空间？

被忽视的城市

紧邻基地就是上海老城厢所剩的最后一块旧城区。

一个拥挤、破旧的区域，但从城市空间的角度来看，其蜘蛛网般的小巷，提供了人性化的尺度和丰富的社会生活。

延续的城市

我们也许可以延续这种城市类型，同时增加需要的建筑面积，让更多的人可以使用和享受这个空间。

如何做到这一点？我们也许可以"融合"浦东高层和旧城尺度的的城市类型，从而结合二者的特征？

扩张的城市

新建功能的商业、公寓和酒店，可以用来创建一个新的城市。

这种扩张可以将旧城区延伸到外滩和沿江。

密集的城市

需求的面积将导致一个高密度的区域，以至于它可能会失去其小尺度特征。

变化的城市

通过高度的变化，可以布置不同尺度的建筑。

切分的城市

通过纵向切分部分城市，可以产生更多的小尺度私密空间。

抬高的城市

通过抬高切分城市的上部，创建所需的垂直距离。它将导致两个城市：一个在地上，一个在空中。

这种抬高的举动增加了更多的空间价值，创造了更多的顶层公寓。

它使得这种建筑类型更加具有标志性：一个空中城市。

支柱

部分体量升起形成塔楼，他们起到支撑空中城市的功能。

这些塔楼主要布置办公空间，其中两个塔楼只有核心筒的功能：一个直达酒店，一个直达公寓。

枝杈

空中城市的消防楼梯是通过这种方式布置的：它们直接连到办公室的避难层和消防楼梯。它导致了一系列分叉构造，同时帮助支撑空中城市，塔楼成为树状的结构。

镜广场

切分和抬高的举动导致了一个新的城市广场，与浦江景观平台在同一高度上，从这里可以看到水面和城市。

它是浦江景观带的延伸，形成一个新的更大的沿江平台。通过步行天桥连接了城市广场和浦江景观平台，以及通过楼梯和坡道连接其他旧城区域。

空中城市创造了一个覆盖广场的屋顶，屋顶在炎热的夏季和雨季为广场提供遮蔽功能。广场的地面和天花用镜面覆盖，从而形成了一个令人眼花缭乱的外滩城市空间新元素。

5. RTKL：商业公园

设计构思：

中国山水园林体验：小尺度，含蓄，浪漫，峰回路转，兼容并收，富有人文情感。

现代都市中心发展/曼哈顿模式：大规模，清晰，高效，直截了当，简单划一，缺少情感寄托。

外滩金融中心将汲取曼哈顿模式的实用性优势，并为其注入人文的灵魂，以达到脱胎换骨，再造与升华。

以园林之体验为突破，超越曼哈顿式发展之定规。

以山水之形态为介质，沟通外滩，陆家嘴和豫园三块形态迥异的城市组团。

以人文之意境为核心，创造兼容并蓄的全新生活中心。

设计构思来源于中国山水画对于完美景观的诠释。借鉴了山水画中的山、石、水、径、桥、瀑等要素。

规划以江景为布局的主导因素。塔楼即围绕此要素布置，如同连绵的群峰，在地段东端形成制高点。

办公建筑包括若干不同尺度的建筑群体，从而为不同客户量体定做具有个性与特征的外立面。高耸的塔楼由多块各具特征的岩石/办公体量组合而成，而若干独栋精品办公楼则仿佛巨石散落在坡地上，充分享受江景与商业步行环境带来的都市格调。

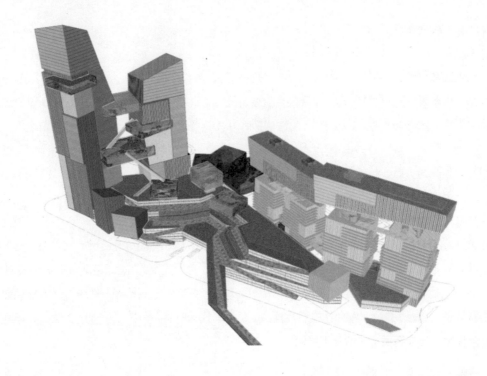

　　裙楼由商业零售和开放空间面朝江景退台而成。这无止境的室外空间活动塑造出丰富多彩的个性化零售空间。

　　游人从外滩与邮轮码头信步穿过绿化廊桥，到达环视江景和外滩的室外剧场。这里群峰环抱，形成一个天然的舞台。热力四射的表演庆典活动营造出充满活力的核心空间。由此开始，层层叠叠的平台延伸到塔楼顶端。这些平台及其内部提供了空中雕塑花园、画廊、茗茶俱乐部等文化设施，在不同的高度观赏外滩与江景，塑造出富有园林意趣的文化之旅。在第34层，昼夜开放的证大艺术藏品博物馆，以俯瞰上海滩的宏大背景，向公众述说独有的人文情怀与企业文化，成为文化之旅的巅峰。从塔楼内的电梯与室外观光扶梯，均可以到达各层平台。这让办公室除了高效的电梯交通以外，更增加了休憩散步的室外场所和独具格调的空中门厅。

　　酒店/酒店式公寓要求较为私密，与商业办公分开放置。

　　酒店入口大堂位于街角广场，便于客人到达和出行，体验风俗民情。而客房则被高高举起，宛如园林中飞来的巨石，凸现其尊贵私密的特质。这一戏剧性的姿态令人过目不忘，让酒店成为造访上海的最佳下榻之处。客房沿着江景与市景舒展排开，令客人充分地享受夜上海的魅力。其顶部的泳池平台，更是开展大型露天鸡尾酒会的绝佳场所。

　　酒店式公寓楼间距充沛，为所有的单元均提供了欣赏江景的机会。如同山水画的皴染笔法，层叠的阳台表现出宜人的居住尺度。其顶部的健身活动平台，相互勾连。与酒店的高端服务设施如咖啡厅，餐厅，健身中心等共用。在酒店体量的荫蔽下，横眺江景，创造出独特的半室外空间体验。

酒店/公寓塔楼分散成若干独立体量，透出天色，减少对历史街区的压迫感。而沿街商业办公的尺度被进一步缩小，友善地回应旧城肌理。令豫园城隍庙街头巷尾热闹的逛街体验自然过渡到大气、高端的项目内部。如同新天地的成功典范，达到新旧城市水乳交融的境界。使本项目在豫园、外滩和陆家嘴三个迥异片区之间，从尺度、高度和风格上形成完美过渡。

沿江叠落的平台，林立的楼群，多样的立面，串联的室外园林以及贯穿始终的文化景观，形成具有山水画意境的连续丰富体验。外滩国际金融中心将创造属于中国，属于上海的当代城市空间。

6. SOM：交错岩层

设计概述：

外滩南段的惊鸿一瞥：外滩国际金融服务中心将为历史悠久的外滩南段注入新的活力。市政大楼、轮渡码头等三幢比邻建筑共同营造出延安路高架和外滩公园改造项目的端头，构筑成一个通向外滩和城市中心的线性市民活动场所的起点，尽管每个主要建筑要素都拥有一个主要的使用功能，将人员活动时间集中在上午9点到下午5点的时段之间，而表演艺术中心因其演出活动安排能够在晚间或周末，进一步带动该地区的人气：总体建筑有机的组合，将功能和建筑表现形式及总体特征和谐的融为一体。外滩国际金融服务中心设计方案中内在的多样化使用功能，将在全天为该地区注入活力，包括全天举行的艺术品和拍卖有关的活动。每个方案中开敞空间的尺度和朝向世纪大道的布置，与坐落在重要位置处的艺术和文化功能有机地组合在一起，强化了地块内功能空间的公共性和市民化的特点。

功能：一个充满活力的目的地

办公、零售、酒店及文化中心的组合提供了多种用途，为金融中心的复兴做出了贡献，并为上海及附近地区注入了新的活力，同时又创建了一个新的公共区域，方便市民观望外滩和浦东的魅力景色。整个场地内的办公功能布置，考虑到如何与公寓式办公和酒店（酒店位于地块内的制高点）相互协调发挥出最佳的功效。从所有的功能设施可以直接进入到首层零售，设计中精心考虑了零售和艺术组成部分的尺度，作为一个中介元素，从现有的底层邻里社区规模逐渐过渡到外滩街墙的尺度。

连续性和多向性

游客们可从附近的地铁站以及北面和东面的轮渡码头和公交车进入项目场地，协同各种不同的使用功能，为行人提供了清晰合理的循环流线以及进入场地的入口。一个主要的多层入口节点面向外滩，采用特殊元素塑造出独特的拐角，将行人和游客引至场地内。场地北面有坡度的对照物在尺度上逐渐减小为现有邻里建筑的尺度，整个建筑群非常协调有致地分布在场地中，并有机地融合周围环境中。建筑之

间的大型开口以及地上三层零售营造了一种宾至如归的氛围。

整体效果大于各部分效果的综合——连接的功能规划可以提高项目的价值。

在所提交的每个方案中，商业和文化功能需要已按照其之间独特的相互关系进行了布置。方案充分考虑了功能使用定位和相互兼容性，以及最大程度获得室内和室外景观等方面的需求。规划布局考虑

了不同使用功能空间之间的相互匹配，有助于整个项目的开发。所有的方案都能够满足项目开发所要求的关于有些功能区部分将来可以单独出售的需要。方案中已经充分考虑了场地内规划和功能配置方面可能会出现的"不经意地碰撞"和空间共享。

城市设计——提升公共空间

在设计中不仅关注了各个功能元素之间如何相互联系，更深入考虑到与整个浦西外滩的城市肌理间的关系。每个方案在场地体量和建筑造型组织形式上，考虑到如何创建一个有内涵的公共开敞空间；突出本项目在场地内的重要位置。在每个方案中，公共空间像侧翼一样以一种生动的姿态在公共活动区域两侧展开，在体量方面与地块规模相呼应，将人流和城市活动引入到项目地块的中心区域，将地块内的功能空间按照多样化的排列形式布置。

7. Winkinson Eyre.Architects ARUP：水晶之城

8、矶崎新：立体之城

设计理念：

"合"与"和"的新外滩

现有浦江两岸的建筑文化：中国建筑文化：浦江两岸拥有的是1000年的上海老城以及2010年后世博

的标志性建筑。西方建筑文化：上海作为受到中西方文化强烈冲击的地点，我们所拥有的是100年的外滩与全球化的陆家嘴金融中心，在百年中，标志性建筑体现模式越来越因为其实用的功能的需求而导致高度递增。

那么，2015年的外滩到底需要什么？

21世纪的今天，随着社会发展的进程，信息交换方法，交通体系，自然共处方式都出现了质的变化，办公建筑的实用性与功能型的衡量标准当然也没有墨守成规，而是随之变化——单体的超高层办公建筑模式已不再是趋势所在。事实上，越来越多的横向延展形办公模式已在世界各地诞生。同时一拥而上地一味追求成为城市之"像"的结果是导致"像"的意义变得薄弱，那么，当基地建成时的2015年我们究竟应该给外滩带来什么？

"合"与"和"的新外滩

我们将集千年的老城、百年的外滩、今年的陆家嘴于今天的基地，顺应时代的发展潮流，扬长避短，通过新的混合体建筑模式把中国的文化与精神以现代姿态展现在浦江之岸，并扬帆世界，成就江南文化的复兴。这就是我们设想的和与合的新外滩。

"合"—— 混合、融合、围合、整合

前三者指的都是形态功能方面的"合"，也就是办公体量为老外滩的立体化与陆家嘴超高层的分类化，商业老城厢立体文化并融入了大世界般的文化娱乐功能。并且二者功能混合，形成办公商业复合式的多样化形式布局。此外，整体的空间布局也采取南北办公及办公公寓楼群围合中心商业、公共空间形式。除了形式与布局之外，非常重要的一部分体现在资源的整合上，集约型的设计和建造方法不仅可以共享节约资源，还可以大大增加绿化面积，以此打造循环低碳建筑模式。

"和"—— 和谐、和睦、融合

此处的"和"首先在表层意义上体现在与周边的环境间的融合。我们根据外滩万国建筑群的檐口高度所订出的30~35米体量高度也同时作为模数应用与作为本设计混合体基础的人工地基上。而在深层的精神意义上，重要的是回归中国文化精神的本质——和睦相处，以和为贵。

首先，设置了构成立体混合型空间所需的大基准的框架。具体做法是把老外滩地带30~35米的高度作为一个单位，然后设置其高度倍数的70米，100米，135米，170米高度上的基准标高。在这些标高上形成人造地基的同时还作为建筑屋顶、主要结构和设备层、内部设有使用功能，同时也是空中花园以及交通

流线的转化层。总而言之，这是空中的基础设施，是适应立体布局的形式。

多种功能以及多种造型的建筑体量以人造地基为基准进行叠加。

以沿着中山路设定标高为35米的人造地基为基准，南段边长为60米的正方形的平面上设置的3栋办公楼纵向叠加着3个单元。

另外，在进深处的人民路一侧，由四个单元组合成高度达180米的办公楼。北端沿着龙潭路设置了高达62米的精品酒店，还有紧靠南面的地方矗立着高达130米的办公公寓。酒店建筑与公寓建筑的体量在水平方向与35米标高和70米标高附近相连接。

在人造地基的中央左侧、以枫泾路为中心集聚设置了大中小各种规模的商业设施，从地下2层的下沉式广场到35米标高的人造地基上面，以环游式的立体形式构成了交通流线。

9. 俞挺：东山·起

设计理念：

创新（模式）

传统的办公、酒店和商业模式由于过度复制而呈现某种相似性，结果是在不同地段的相似商业只能以地价差异决定商业价值，而且没有模式创新根基的样式创新其实是苍白无力的。只有对当下模式进行创新，设计才能有所突破。

商业模式：常规商业模式一般都把主力旗舰店放在首层，使得从低往高的商业价值越来越小，租金也逐渐减少。我们将首层空间部分释放给城市，引入公共景观，把奢侈品旗舰店一部分设置在首层，一部分结合屋顶空中花园设置，改变了传统的商业布局，并改变了之前常规的购物体验，使得上下都获得较大吸引力，每层的价值和租金也趋于均布。

酒店模式：常规的酒店模式一般将酒店塔楼设置在裙楼之上，运用高度模式占据，而我们则把酒店结合空中花园横向平层展开，沿黄浦江自然景观和对面陆家嘴充分展开。

办公模式：常规办公模式一般将酒店塔楼设置在裙楼上，不是塔楼就是板楼。我们把一栋塔楼拆分成数栋小塔楼，这样既节省造价又分割方便相对独立。此外，设计将每栋塔楼形成了独立楼群中的楼上楼，每个单位可以占据更多楼层和可变空间，物业附加值得到较大提升，同时引入屋顶花园，将办公演变成花园中的独栋办公，创造了市中心空中的总部园区。

游走（体验）：

设计中我们创造了三个不同层面不同私密程度的公共空间，在底层设置了大型架空公共空间和水广场，在外滩一线形成了上海唯一可供游人和市民休憩和活动的大型半室外活动空间和秀场，空间完全开放给大众，人在其间穿行犹如漫步于山穴之中。每当阳光从天洞照射进来，洞口瀑布垂下，将自然植入

建筑之中。玻璃体光锥从空中花园扎向地面，璀璨夺目，成为广场核心和公共信息发布平台。中间层设计了大隐隐于市的空中山水园，创造了大自然的山情野趣，让我们暂时逃离都市喧闹、远离城市钢筋水泥森林压抑的机会，让我们够游离于城市与自然之间，感受"人工自然"带来的惊喜。屋顶层则是城市生活秀场，展示城市中具有独特体验的不同生活场景和特色。

山水城市

方案本身是对当今中国几乎所有大型建筑综合体的类型学所造成的城市空间异化的质疑和反思。这种类型学大都采用在大面积基座裙楼上设置塔楼的形式。塔楼既实现了土地和景观资源的价值最大化，又满足了城市的表现欲和象征意义；裙楼则用大型公共门厅、多功能空间和商业空间把高耸的塔楼紧紧锚固在基地上，满足了人们长久以来在技术条件限制下形成的欣赏建筑稳固、庄重的视觉经验。然而，这种塔楼加裙楼的类型学往往使建筑从周边城市中分离出来，裙楼对基地的占据，阻隔了人们在城市空间中的自由穿越。作为一座大型商业、酒店和办公综合体，裙楼和塔楼不再分离，而是形成一个完整连续整体。裙楼不是坐落在基地上，而是浮在空中，成为连接数个塔楼的公共空间。它既形成了一个开放平台，又作为一个巨大容器包含了所有公共设施。建筑群整体像一座被切削的山体奇观。大厦底层周围地面被重新释放出来，草地、树林、广场和各种活动场地像一个个浮岛散落四周，使人们在城市中的漫游不再被阻隔。城市的图底关系由二维转入三维，景观潜力被最大化地连续展现。都市人对田园山水生活的梦想，借由这种人造地景得以实现。

10.陈伯冲：垂直城市、城市客厅

设计要点：

从城市和建筑的关系入手，弥合建筑和城市之间的裂痕：让建筑和城市成为同义词。

①通常的高楼，其基本逻辑是"城市－本楼"两级关系，不管本楼有多大多高。但是，垂直城市的基本逻辑是"城市－（空中）平台－本楼"。空中平台，具有城市的性质。

②本案竖向将大楼化整为零：以30~50米高度，设置、制造多重空中公共平台（城市空间）。人们从平台依次进入自己的"小楼"（集体空间），而不是从城市地面直接进入大楼，通过垂直交通先到达就近自己的

平台，再通过平台进入自己的楼。这就是"楼中楼"、"楼上楼"（Building in building, building upon building.）。

　　③通过地面保留原有的路名和街道作为城市记忆，用作商业街；而街区就是商业建筑，高30米，6层。因此，30米以下就是延展至城市的"城市客厅"。

④30米高处是平台。此平台是被"抬高了的地面,服务于楼上的办公、酒店和酒店式公寓。

⑤上部60米、90米、120米……设有集体平台,是楼中楼的设计。各个平台设置会所、会议中心等集体空间。

11. 最终结果

像这样风口浪尖上的项目,无论是证大还是建筑师们,由于受到太多的关注,被赋予太高的期待,因此注定了定案的曲折和难度。我们将各位建筑师的草案,无论做得水准如何,择要抄录于此,立此存照。由此大家可以看出各自对城市的理解,对中国文化的理解。在这些五花八门的方案中,Heatherwick工作室的方案之所以能为证大所器重,是因为其方案里有中国文化的气质。然而,最后为政府认可的方案,却完全是另外面貌。这就说明,绘画意境要转化成建筑,还有技术和功能要摆平。而最难摆平的,就是必须得到规划管理部门的认可。从这个案子的过程和结果,可以看出理想与现实之间的差距究竟有多大。

山之为城　海门中国山——证大中非论坛

时 间：2011年

地 点：江苏海门市海门港

项 目：江苏海门市海门港的长江边，用地约
     800亩。总建筑面积约80万平方米。

事 件：江海平原上的新地标

总平面图

0   40M   80M   120M

N

策　划：中非经贸合作以及中非外交关系是国家战略。仅仅海门市，就有约5000人在非洲各国，从事经贸、矿产开发、房地产开发等各种生意。如果把南通地区其他县市的人计入，人数还要多得多。海门毫无疑问是中非合作的前沿城市。海门在地理上与上海仅一江之隔，而且现在上海与海门，已有苏通大桥、崇启大桥连接，交通便利。在号称"北上海"的海门设置中非论坛的中国坛址，具地利、人和之便。

本项目的基本思路是将中非论坛建成以中非交流为主题的产业集散地和文化交流"桥头堡"。产业支撑包括：①会议中心及其配套；②展览、演艺中心；③国际闻名的南通家纺中心（设计、展示、国际贸易）、非洲产品的集散地；④国际商旅服务和项目旅游；⑤语言学校及其配套；⑥软件产业及其配套等。上述功能涵盖了几乎所有城市功能而又有自身的专业定位。无论在规模和功能上，都是一个比较典型的"微型城市"。

要建设一个地标性的中非论坛，可否有全新的地标做法？鉴于江海平原一马平川，因此考虑出题"证大中国山"，以和狼山之盛，彰显新时代的特色。

设计思路和方法：江海平原，除了狼山，基本上没有山，尤其南通以东，一马平川。南通的狼山，实际是以狼山为主峰的南通五山。而狼山，不过百米出头，其他四座山分别是马鞍山、黄泥山、剑山和军山，均是低矮小山。但南通五山，山水相依，自然景色优美，而人文景观独特，狼山有广教寺，为八小佛教圣地之一。所谓"狼山之盛"，乃是其丰富的人文内涵。

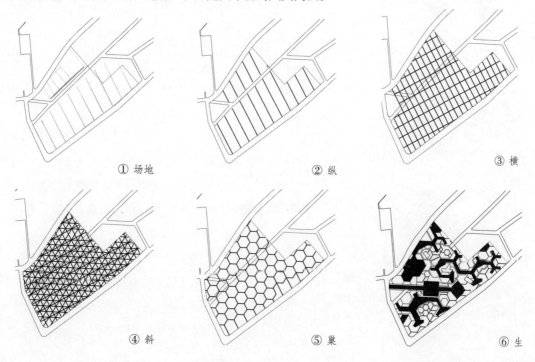

①场地　　　　　　　　②纵　　　　　　　　③横

④斜　　　　　　　　⑤巢　　　　　　　　⑥生

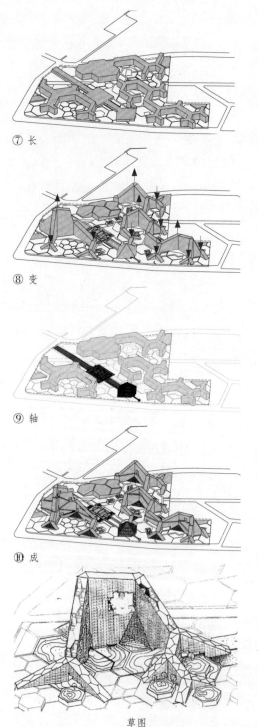

⑦ 长

⑧ 变

⑨ 轴

⑩ 成

草图

在无拆迁的江边场地上建设，拥有更大自由度。作为中非论坛的中方坛址，又在长江北岸，因此有条件以"中国山"的意象，体现中国文化精神，演绎新的"高山流水"的人文理想。但这需要特殊的设计手段，才能融入具体功能、获得山的意境、创造新地标。具体做法是：

①首先要强调，我们坚持认为建筑与场地的关系是一种植物和大地的关系：就是从地上生长出来，而不是强加于其上。这就需要对场地进行细察。原来，场地上先民为农耕需要，开垦出以棣、diao河和田埂为基本特征的基地脉络。这是基于农耕的"人文语言"。我们要做的是，对这一语言加以演绎和发挥，建立"类蜂巢"规划结构。形成围合、半围合的功能组织。

②以板楼的基本建造逻辑。通风好，采光好，便于使用，造价便宜，适合分期建设。

③将板楼群的高度，做南低北高处理，以此获取最佳自然采光。

④沿"类蜂巢"结构，"生长"的楼群，形成绵延起伏的山峦形态；这是中国艺术-山水画-对山的理解：山美在形（轮廓）。这里，山水艺术理想、山水生活环境和建筑功能及建造原理，达到四位一体的完美统一。对山脉的理解并加以建筑引用，是设计的关键。

⑤无论从长江上航船远眺，还是从市里驾车远观，你都能获得"中国山"的视觉意象；而如果进入此微型城市"市中"，在山坳里、或在半山腰，都能开门见山，不，应该是推窗见山。正面、侧面、无论哪个角度，都有万千气象。

⑥由于长江防洪需要，江边有高出场地约6米的江堤。我们利用这6米做地下车库和设备用房，将整个微型城市架在6米高度，而从"市内"看，城市室外地坪正好平齐江岸，这样可节省大量土方。

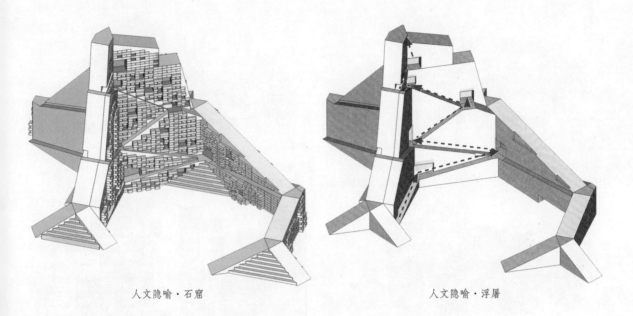

人文隐喻·石窟　　　　　　　　　　　　　人文隐喻·浮屠

人文隐喻·自然

⑦这个微型城市，是一个"城市建筑片段"。它以一条中非建筑文化中轴线统领全局。而此轴线，连接了微型城市的外部——海门市和长江。

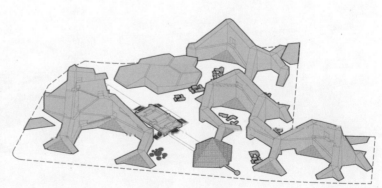

人文隐喻·民居

温室　　　　　　　　　　　　　　农保

遵循自然，师法自然，保护利用
生态平衡，自给自足，幸福指数高

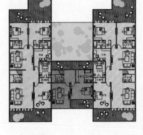

室外种植　　　　　　　　　　　室内种植

社区里的植物园，与绿色为伴的生活

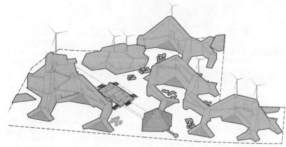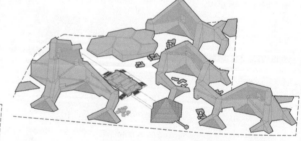

风力发电　　　　　　　　　　　太阳能

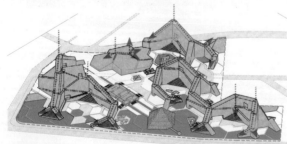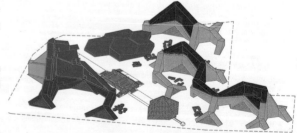

水再利用　　　　　　　　　　　功能复合

城市综合体，旅游，休闲，工作……"一站式"生活

墙之为城 南京喜玛拉雅中心

时　间: 2011年

地　点: 南京高铁站前"CBD"

事　件: 城墙和城市

项　目: 紧靠南京高铁站,处于高铁站站前CBD
中轴线。南邻秦淮新河,总用地面积约
21.8公顷。横向分三块:中轴线上的城市
公园、西侧地块、东侧地块。

总平面图

策 划： 集居住、办公、酒店、餐饮、娱乐于一体的城市综合体。以全覆盖的商业业态形成南京市的新商业中心。

设计思路： 南京是六朝古都，古迹多，"南朝四百八十寺，多少楼台烟雨中"。然而，所有古迹都比不上城墙来得壮观，这倒不是城墙有多高，而是因为其长度。

南京的城墙是明代留下来的。千百年来，城墙斑驳陆离，见证时代沧桑。城墙，曾经是包围城市的城市边界。现在，即使城市如此扩大了，城墙和其他建筑物还有根本不同，是唯一的城市意义上的最大型（长）构筑物。

城墙，原是一块块城墙砖和石头垒起来的防御工事，起的是阻挡、隔绝的作用；它是内与外的分界线，或者说，是内与外的会交点。城门正是这一切发生、表现的具体地点。

这就启发我们思考：一个城市建筑，或一个微型城市，不也可以这样吗？如果一个微型城市，采用城墙的类型，会是怎样？至少在高楼大厦的模式外，另起炉灶，城墙是实心的砖石，如果这些砖石变成"空心"的住人的房屋呢？城墙是封闭的、限制性的、防御性的，但我们可以将其改造成形象上有识别性、空间上开放、姿态上欢迎的微型城市，让它和城市的其他部分发生融通和结合。再往下想，新的"城墙建筑"，可以不高但很长，在当今清一色高楼的模式下，是否可以另辟蹊径？也就是说，大楼既可以向空中发展，为何不可以横向发展？横着的摩天楼，这不是另一种途径吗？它在结构技术、设备、造价、建设周期、维护费用等方面的经济性显而易见。当然，我们不能忘记规划局规划管理条例的存在。横向的长度限制，是很容易解决的：不就是按照其要求，把它切成一段一段就行了！横向比竖向要好处理得多，再说，这断口，还可以另有考虑，用作花园呢！再者，切断也并不影响整个思路。

相对于高耸入云的摩天楼的憎地性（topophobia），横着盖的摩天楼，显然是恋地的（topophilia），它可以体现对横向（城市）的关注、对大地的亲和、对天空的退让。

比如，对项目外部的城市而言，在总平面上可以做出恰当的进退处理，以营造外部城市空间。这退让的地方，稍微有点类似于"翁城"的意思，是城内城外的灰色地带。而"围合"的城市内部，却是一个具有很强领域感的集体空间，便于形成强烈的社区感，这是高楼群做不到的凝聚力。这个集体空间同样可以成为集体花园。它的下面，可以是不需要大面积直接采光的大型商业设施，一地两用，高效集约。

再如，建筑矮了，我们可以结合景观，做退台处理，而高层，就不太容易；建筑矮了，那屋顶可以成为集体（collective）公园，而高层塔楼，做屋顶花园也许还可以，建公园就没有什么理由和必要了。这个集体公园，由于是连续带状的，甚至是起伏的，就可以极富特色，比如晨练、观景、聚会等；如果结合咖啡、茶室、运动会所之类设施，那它完全可以成为这个微型城市的"公共客厅"，不是一个简单、孤立的公园了！更何况，这个公园，或说客厅，是直接和下面的居民电梯多点连接，人们只要上楼就可

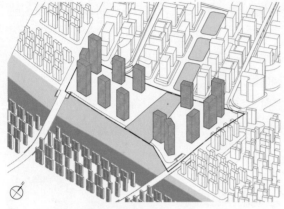

① 一般方法FAR=6.0

高密度不等于钢筋凝土"森林"
探求高密度建筑解决方法

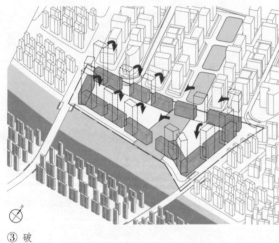

③ 破

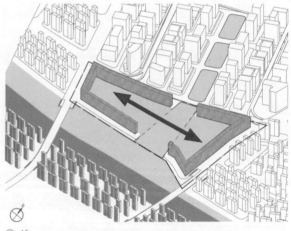

④ 城

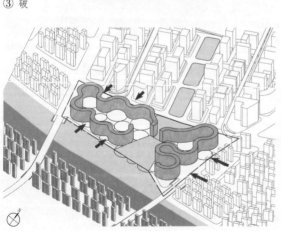

⑤ 让

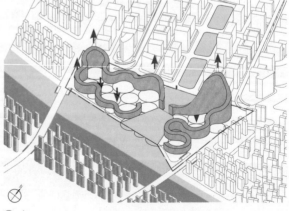

⑥ 变

106

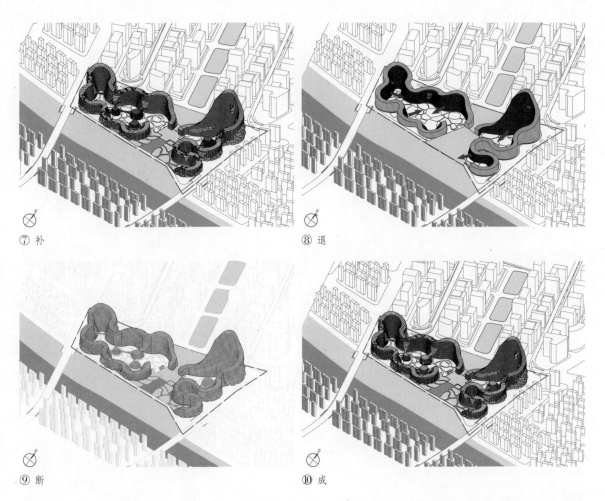

⑦ 补

⑧ 退

⑨ 断

⑩ 成

以到达，比一般的城市公园方便的多。一般的城市公园，你得专门出行甚至开车去，动作很大，因而抑制了去的次数。

既然建筑横着布置，长度是优势，那么，它与城市之间的接触面就多，地面高度附近的商业设施就在数量上有先天优势。我们还可以继续发挥它的特长，令沿街商业的城市空间别有一番味道，这对建筑师来说是"小菜一碟了"……

这就产生了我们的方案：一个凝聚力极强的微型城市，但它对外部，保持着良好的空间互动和空间沟通。它简单而独特，不需要结构设计上大动干戈；它只是我们常见的板楼稍加变化而已！

这再次图示了我们的信念：设计应该是复杂问题简单化，思路应该清晰明了。独特的设计，未必一定需要靠技术上复杂、造价的提高等硬性投入。道理或许恰恰相反：简单，才是智慧！

住宅

酒店式公寓

办公
商务办公、创意产业园（SOHO）、
汇展中心

超五星级酒店+商务五星级酒店

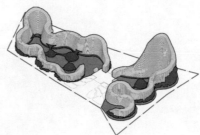

商业
地上：商业街、大型餐饮零售、影院
地下：百货、超市、家俱城、电器城

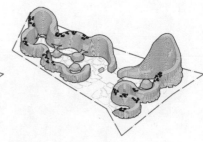

文化娱乐
公园、休闲餐饮、幼托

城外

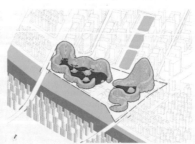

城内

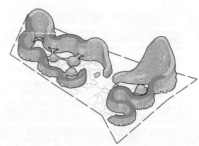

城上

茂林脩竹

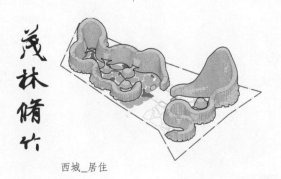

西城_居住

流觞曲水

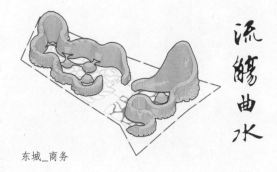

东城_商务

金陵叠城记

立体园林 重庆大学——西部慧谷

时　间：2011年

地　点：重庆大学

事　件：科研的产品化、产业化

项　目：紧靠重庆大学，北邻嘉陵江。南接重庆大学北边
　　　　界。基底是个狭长地段，进深约225米，长度1000
　　　　米。关键是进深方向高差45米，是一个"悬崖
　　　　地"。总建筑面积70万平方米。

N　总平面图

25M　50M　100M 150M 200M

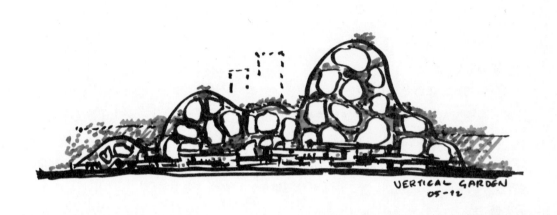

VERTICAL GARDEN
05-92

策 划：

项目的基本思路是针对高校科研能力强，但难以社会化、产业化的问题，提出科技产业化的基底提案。将重庆大学的科研成果，转化为社会化的生产力。因此，设计一座具有科技孵化功能的"西部慧谷"，给年轻创业者们提供研发办公、交流展示及宿舍等配套功能。辅以如酒店、餐厅、茶吧、酒吧、购物、电子商店等商业服务；提供美术馆、博物馆、电影院、影像书店等文化服务。这是一个紧密集合重庆大学智慧智库、复合研、学、产、商产业链条、完整的"微型城市"。

做 法：

西部慧谷是体现"微型城市"设计多样性潜力的一个样板。结合长条形基地，重庆的山地地貌，以及北邻嘉陵江的景观优势，西部慧谷，是一长龙状的基本形态。它在城市层面，重新定义了重庆大学北边界。这个新定义是：西部慧谷是大学和城市之间的桥梁和中介。大学和城市，既不是围墙或崖壁分割的城市空间断裂，也不是完全敞开的公开校园。

A. 平面上的曲线进退，是考虑建筑物主入口和北侧城市道路间的过渡关系。

B. 立面高度上，考虑原有重庆大学建筑高度和对嘉陵江的景观，做让景变化，自然形成起伏变化的山形轮廓线。最大化的临江面，使本建筑能做到户户有自然采光、处处有江景。

C. 利用高差，形成南北两个入口高度：即①城市主路的高度，由此进入商业、文化等公共服务领域；②比它高45米的重庆大学校园的高度，由此向下引入公共服务领域，向上进入居住、办公、SOHO。

D. 1公里长的微型城市，以板楼的基本结构逻辑，结构简洁、明晰，造价便宜。

E. 大楼中，引进一个公共立体园林，贯穿整个建筑。作为公共空间，这个立体园林，有瀑布、树木、花卉、亭台楼阁、楼梯、电梯等等，是个公共游憩、交流场所（考虑到现行城市规划关于建筑长度的规定，我们将规定应有的楼间侧向间距——14米或14米以上用作立体园林的一部分）。它既划分，同时也连接了不同的功能单元。功能单元是集体空间，而立体园林，它是公共空间、是整个建筑的绿色构架，也是整个建筑的空间灵魂。

F. 整个建筑，其功能高度复合、体现生活的综合性：它就是一个微型城市。它的形象，既是重庆大学的全新形象，也体现重庆市的创新精神面貌。它的精神，也是新重庆的精神。

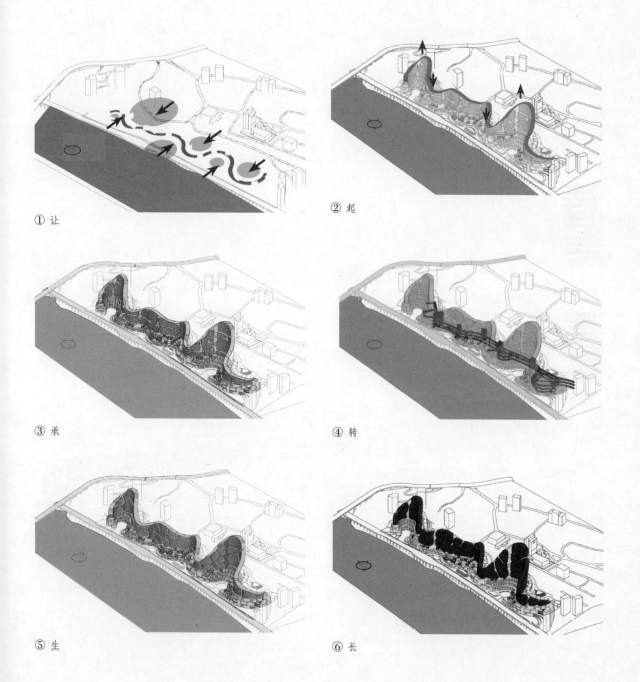

① 让

② 起

③ 承

④ 转

⑤ 生

⑥ 长

垂直街坊 新廊坊——渤海首府

时 间：2011年

地 点：河北廊坊市廊坊科技园区

事 件：探索垂直城市的可能性

项 目：廊坊市区西北约6公里，总用地面积约10.5
平方公里，容积率1.5，地面总建筑面积约
1000万平方米。

总平面图

50M 100M 200M 300M 400M 500M

策　划：众所周知，北京市的无限扩张，民间说的摊大饼，已经到了某种极限。三环、四环、五环、六环不断放大。但是，如此城市蔓延，的确导致了低效、堵车、污染、雾霾等大城市病，却没有解决北京市房价高起、住房紧张的局面。

河北廊坊市，地处北京东南角约20公里。廊坊科技园区，在廊坊市北侧6公里，其北边缘，与北京边界接壤；而规划中的北京第二机场，离廊坊市约20公里。

廊坊市科技园区，原只有3.1平方公里，与廊坊城之间的关系，是标准化的"旧城加开发区"的旧思路。这种规划格局太小，而且思路本身就有疑点。廊坊旧城既无足够辐射力，新区也门可罗雀、人气不足，园区开发区久久搞不起来。我们认为，园区要对接的不是廊坊旧城，而是北京市！因此，是否可以考虑，将园区扩大到10.5平方公里，建设一个具备全新概念又能整合旧城的新廊坊？这可以将北京市内无法容纳的产业功能向这里转移，并且得到充分发展。

比如新廊坊，可以拥有一些产业集群：医疗、保健、康复产业集群；生物、制药、医疗设备器械产业群；电子、软件等高科技产业群；各类职业学校、高级技工培训产业群；航空运输产业群；现代农业基地等，这些功能的设置，既能缓解北京之压力，又使自身得到产业发展优势。

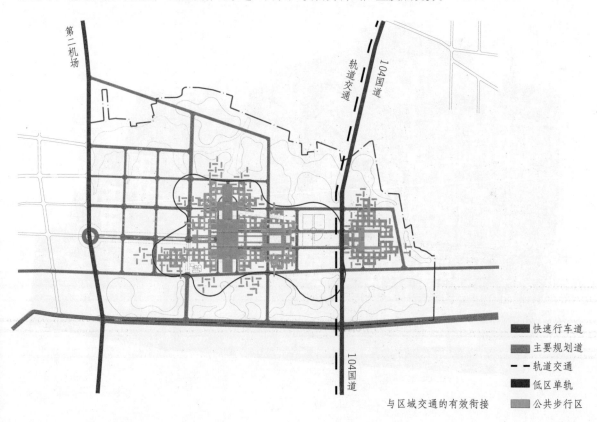

与区域交通的有效衔接

快速行车道
主要规划道
轨道交通
低区单轨
公共步行区

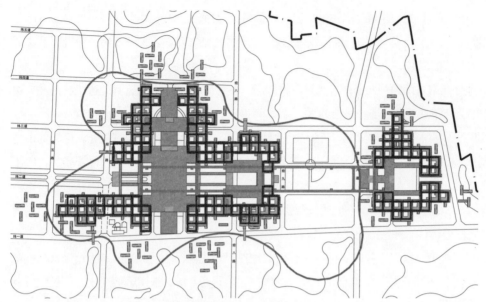

100m×100m
网格单元

高度集约的立体单元网格体系

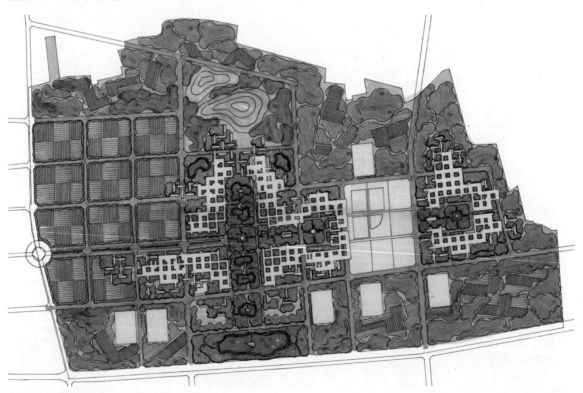

自然田园景观

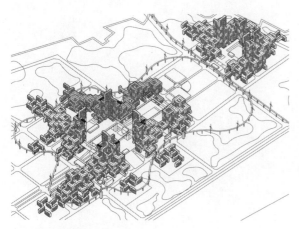

① 电子信息产业在科技城

使得科技城突破大都市中心的局限，促进科技产业相对完整的全方位
聚集从而呈现出高密度的立体形态
科技创新企业则更为小型混合化、多样化、细胞单元化、生活化与网
络化，以应变瞬息万变的市场需求

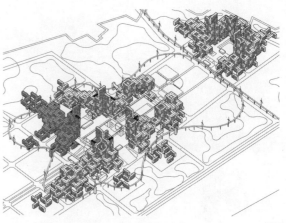

② 新材料、新能源产业在科技城

带来更为轻质高强的建造材料，使得更高更新型的建筑结构成为可
能，以及实现更为轻便远距离的蓄电交通方式
更为洁净的生产方式、更为宁静的厂房、更少的废弃物，从而生产、
办公与生活的一体化

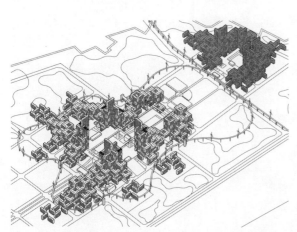

③ 生物医疗与健康产业在科技城

为科技城提供更高标准的公共卫生设施、更健康生态的居住环境，同
时使新型的现代立体农业种植成为可能，从而建成立体的园林城市

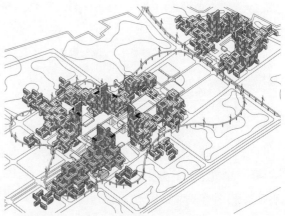

④ 金融业与低空经济产业在科技城

形成科技城环渤海经济圈的产业辐射力，引入各个高端客户群体
引领新的高度需求与空间消费，带来高空环境的娱乐、生活与工作模式

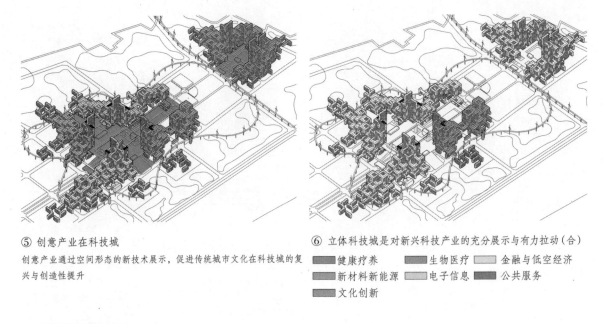

⑤ 创意产业在科技城
创意产业通过空间形态的新技术展示，促进传统城市文化在科技城的复兴与创造性提升

⑥ 立体科技城是对新兴科技产业的充分展示与有力拉动（合）

- 健康疗养
- 生物医疗
- 金融与低空经济
- 新材料新能源
- 电子信息
- 公共服务
- 文化创新

规划思路和方法：

中国一线大城市蔓延，难以抑制，这固然有城市功能定位失误、城镇化不足、城乡二元对立等错综复杂的原因。然而，城市建设、开发模式，也就是"大楼模式"，也在其中起了很大作用。建设新廊坊，从微型城市理论的核心思路——高效集约、功能复合、整体建设来思考，就不会重复既有大楼城市的模式。

新廊坊城，应该由若干个"微型城市"构成，并留出大面积的非建设用地，用作少量有机农业、景观和生态恢复。

基于河北的气候和北京的文化背景，我们考虑设置9个大小不等的集约化的微型城市。大则200万平方米，小则50万平方米，并可以作有限的"生长"和延展。

由于产业经过选择，以及现代技术的支持，所谓产业生产，是无污染或低污染的。因此，以产业群为基础的微型城市，是集约并置的。每个微型城市，都以一二种产业群为基础功能，并配以生活居住等后勤功能；它与地面高度附近城市商业服务设施竖向直接连接。

各微型城市，均以平面100米×100米见方，高50米的立体街坊为基本居住、工作或生产单元，竖向搭建而成。因此，微型城市的建设，是工厂预制现场装配的。高品质、高精度、高效率。微型城市内部，设有污水处理装置、太阳能利用、屋顶风力发电、雨水收集、垃圾处理等现代生态技术措施。

最为显著的，就是微型城市的竖向交通，它分主电梯束、次电梯束、楼电梯，就好比城市里的主干道、次干道、宅前路等。

多层级的立体功能分区

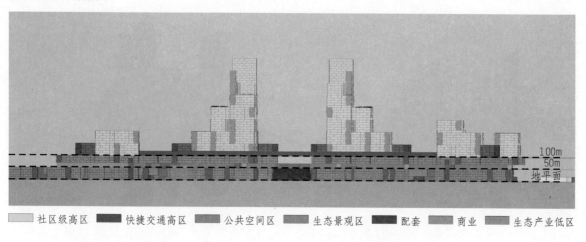

100m
50m
地平面

社区级高区　快捷交通高区　公共空间区　生态景观区　配套　商业　生态产业低区

组团立体单元　　　　　　　　　　　可持续的混合功能单元组合

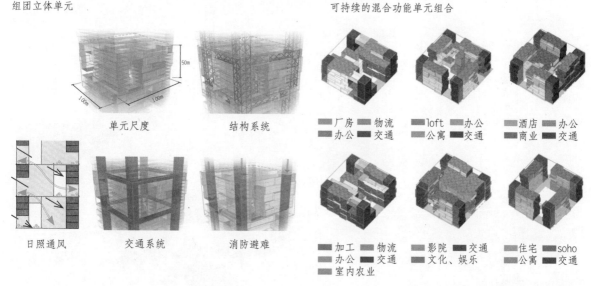

50m
100m
100m

单元尺度　　　结构系统

日照通风　　　交通系统　　　消防避难

厂房　物流　　loft　办公　　酒店　办公
办公　交通　　公寓　交通　　商业　交通

加工　物流　　影院　交通　　住宅　soho
办公　交通　　文化、娱乐　　公寓　交通
室内农业

　　新廊坊城，设置自己的环城高架轨道交通（sky train），并和通往北京的轨道交通连接，也和第二机场连接。新廊坊城内部，小汽车是小比例辅助交通。电驱动BRT是主导交通。

　　竖向交通，也与空中花园和平台结合，更与内部无排放电驱动公共巴士结合。

　　微型城市的总图布局，是中轴线不全对称，有北京特色。如果说这是故宫中轴线的严谨格调，那么，大片的非建设用地就是圆明园的意境了。这里有育种场，但是，更多的是留给大自然自在自为。

垂直交通系统与各级公共空间的高效衔接

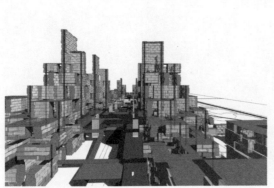 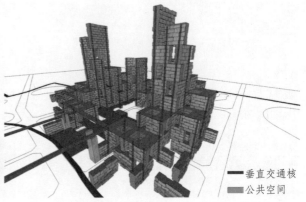

━━ 垂直交通核
▩ 公共空间

完善的配套公共服务设施（低区）

完善的配套公共服务设施（高区）

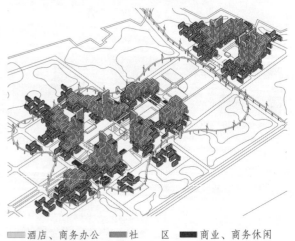

■ 行　　政　　■ 商　　业　　■ 文化体育
■ 教　　育　　■ 医　　疗　　■ 市政供应

▢ 酒店、商务办公　　■ 社　　区　　■ 商业、商务休闲
■ 工业、商业、公共设施

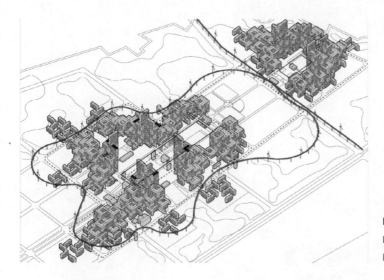

多层级的低碳公共交通系统

■ 高区快捷BRT
■ 低区单轨
■ 地面公交

多样化的辅助交通方式

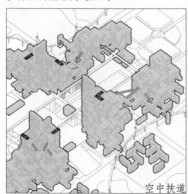

空中扶道

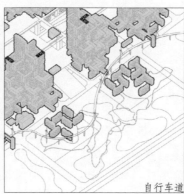

自行车道

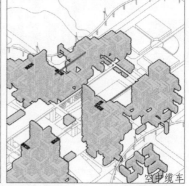

空中缆车

多种类的低碳能源供应

风 能

太阳能

生物能

自给自足的现代农业供应加工

■现代农业加工 ■城市立体农业

科技城与自然和谐共生

森　林　湿　地　人行道　现代农业　休闲绿地

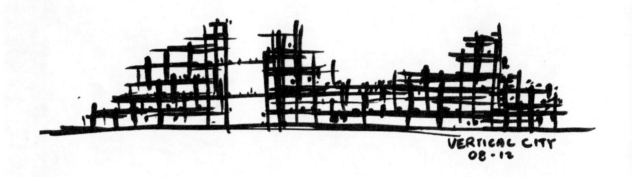

VERTICAL CITY
08-12

城上之城 上海海门路——海之门

时　间：2012年8月

地　点：上海虹口区北外滩海门路

事　件：高架的城市 —— 海之门

项目基地：项目四周界：海门路、东大名路、
　　　　　公平路、东长治路。总用地面积约4
　　　　　公顷。容积率6.0，没有控高。地面
　　　　　总建筑面积约24万平方米。

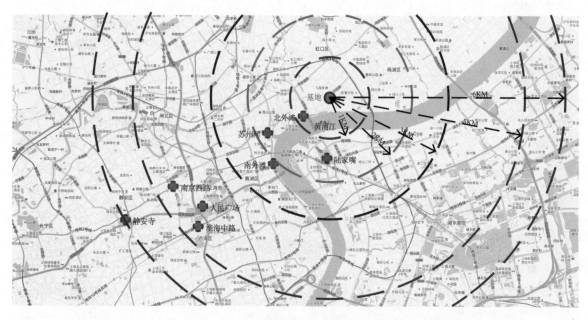

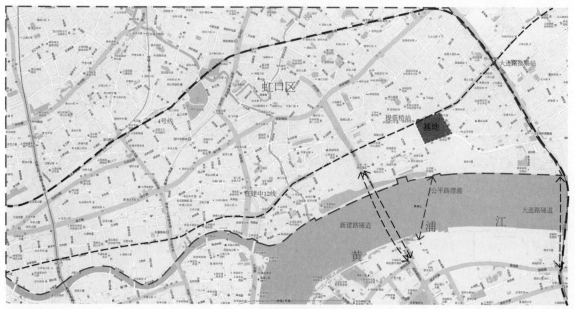

交通区位

策 划：

集SOHO、办公、酒店及包括餐饮、娱乐、购物于一体的城市综合体。商业业态，以自我配套为主，兼顾城市使用。

项目概况：

虹口北外滩海门路一带，实际拥有良好区位和黄浦江景观，对面的陆家嘴地区，直线距离和直达交通都很近，但这里缺乏高档次城市商业服务设施，同时，也没有醒目的城市建筑或城市空间，来带动这一地区。

因此，海门路项目，虽然只有区区4公顷用地，且不是一线江景，它的前面（南侧）有一个80米高的高层大楼街区，但优越的地理和交通区位，支持一个富有雄心的项目策划。这正符合微型城市的理念，并使之成为地标性的项目。

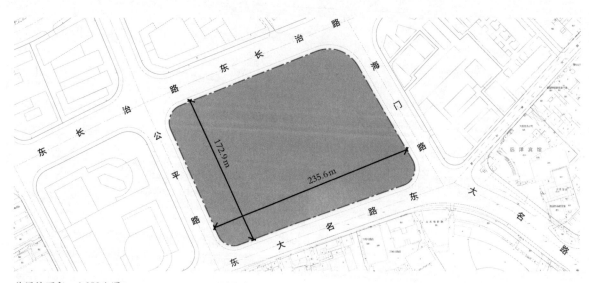

总用地面积：4.058公顷
地下建筑面积：15.00万平方米
商业：60000平方米
地下停车：90000平方米
地上建筑面积：24.00万平方米
商务办公：160000平方米
商业：80000平方米
总建筑面积：39.00万平方米
容积率：6.0

本案的解决方法：

城市区域在城市中默默无闻甚至被湮没的原因，往往不是因为没有高档次的建筑，而是因为没有开合有致的城市空间及独特的城市功能。海门路一带是典型的这种情况。从总平面看，海门路东侧和东长治路北侧，是近代风貌保护区，这在匿名的、均质的城市肌理上十分突出。因此，本案不仅排斥这一特色，反而要加强这一特色。

另外，4公顷用地，并不大，而容积率却达6.0，按照常规理解和做法，往往难以给城市做什么贡献，反而可能会向城市索取些什么。这样的话，只会加剧该地区的弱点。但是，我们坚持"城市才是建筑之家"这一理念，在城市片区角度，对已有的有利因素和潜在有利因素做一个大的整合，然后得出我们的思路。具体做法是：营造地面和80米高度两个平台。前者"还"给城市，后者交给项目自己，使自己获得一线江景。

① 那里太需要一个完整的商业设施和城市意义上的活动空间了，因此考虑将本项目的商业，采用地上地下结合的方法，形成内外沟通、横向融合的立体的商业中心，并且将历史风貌建筑延伸到场地中。

② 这一商业中心，是公园式、对外开放的。通过历史风貌建筑的引入，达到场地内城市空间的对外延伸。形成开畅、开放、欢迎的城市空间效果。

③ 80米高度是空中平台，办公、酒店、会所等功能一次作为"心理首层"。

④ 50~80米，则是一线品牌的奢侈品商城和顶级餐饮。这空中商城和餐饮，显然针对顶级消费。但是它有一线江景，规模宏大，因此，服务面是全市甚至长三角。属于地区性商业。

⑤ 50米以下的空间，是带有商业功能的城市公园，主要服务于本地市民。是一个半室内、半室外的城市广场。这里可以进行演艺、走秀、庆典、放映、游憩、购物等城市公共活动。

⑥ 高层、超高层建筑的50米以下部分，兼具SOHO、停车库、演艺设备房等功能。

这样就完成了一个城市商业公园上架起的立体城市。这里，项目占用了城市用地，但又还给城市一个开放、富有活力的立体城市公园。项目对城市有所贡献，也从城市获得了活力。

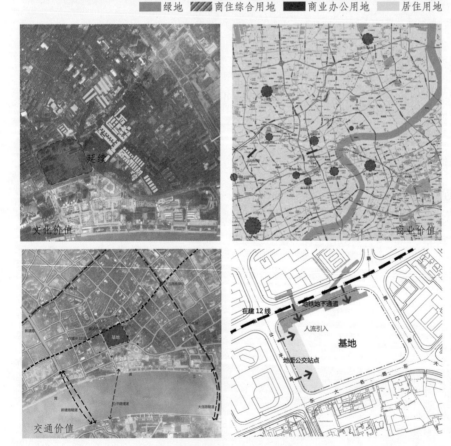

绿地　商住综合用地　商业办公用地　居住用地

现代生活区　历史风貌区　基地　航运服务区

延续

文化价值　商业价值　交通价值

在建12线　地铁地下通道　人流引入　基地　地面公交站点

区域价值

价 值

区域价值

虹口区是中心商务区之一，项目距离人民广场仅4.5公里，位于北外滩航运中心区内，临靠市场商业中心四川北路商业街，靠近南京东路、外滩，与陆家嘴金融贸易区隔江相望。

项目位于区域内居住、商务、旅游三大板块的交界区域，具有核心枢纽的地里优势。

文化价值

紧临文化保护区，在保护延续历史脉络的同时满足现代城市建设，应对虹口历史建筑的态度，以发挥老建筑的潜能。

商业价值

项目位于虹口区南部，北外滩地区，目前该区区域级商业中心缺失。

项目位于轨道交通站点上，北面为居住区，西面和南面为商务区、东面是历史风貌保护区，商业价值突出。

交通价值

在建中的12号线提篮桥站点的设立给区域带来了重大的契机，使得该地块具有较好的可达性，同时也给该地块带来了大量的人流。

地块周边也有公平路、周家嘴路、东大名路等多条主要干道，加上新建路隧道的通车和大连路隧道、杨浦大桥等跨江道路，使得该地块交通价值大大提升。

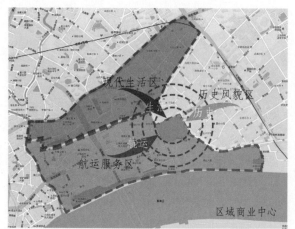

现代生活区

历史风貌区

生活   历史

航运

航运服务区

区域商业中心

民俗街
MUSEUM
FOLK STREET
LIVING
零售
FASHION   COMMUNITY GARDEN
SHOW时   社区拍档
BOUTIQUES   IMAX
COMMUNITY   INTERACTIVE
时尚   工作生活一体空间   精品店   TECHNOLOGY
LIVE-WORK   THEATER
NEIGHBORHOOD   FITNESS   剧场   电影院
PARK   互动   健身运动
游戏   CONFERENCE   CATERING
INTERACTIVE   BAR   E餐饮
EVENT   游乐   ARTS   服务
EXHIBITION   PLAZA   GALLERY
展览厅   开放空间   艺廊
电影动画
FILM
ANIMATION   区域客厅

定位

区域商业中心

项目位于三大区域交界处，且当下商业功能缺失，为本案成为区域商业中心提供了极有利的客观条件。

历史文脉延续

老建筑重新焕发时尚活力，商业价值在历史文化遗存中得到充分发挥！

区域客厅

丰富的功能，传统建筑与艺术、时尚结合相合，周围区域的人流引入，使其成为区域"客厅"。

历史文化区

基地

历史文脉延续

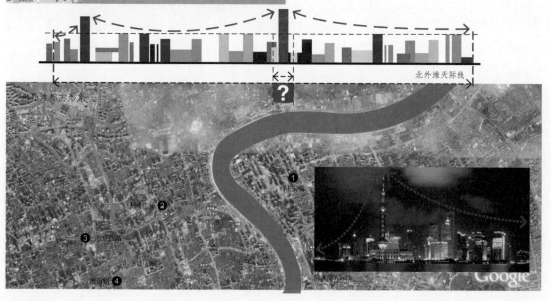

北外滩天际线

北外滩标志形象

方案

① 陆家嘴

② 外滩

③ 东沙西路

④ 淮海路

① 城市交通

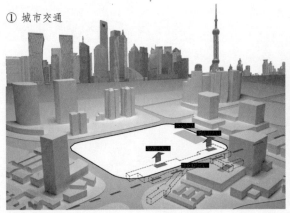

地铁、公交的立体化交通，为本案带来足够的人流，便捷性的提高极大地拓展了商业、办公的影响和服务范围

② 变地下为首层

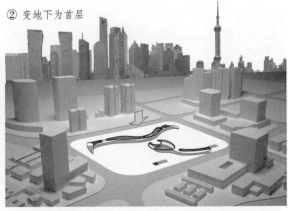

依托地铁站的地下人流优势，地下峡谷式商业空间可使地铁出站人流直接进入该项目商业区域

③ 充分利用地面商业价值

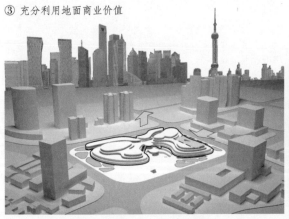

未来规划中的公交车站为该项目带来地面商业人流

④ 提篮坊

以提篮桥文化遗存为蓝本，发挥历史建筑在当代的商业价值

⑤ 城市公园

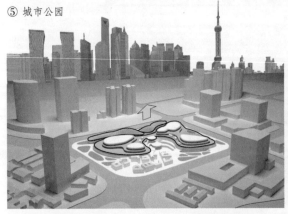

商业屋顶以阶梯式地貌设计为该区域市民提供开放活动、时尚艺术、休闲娱乐的都市生活，同时享有自然、生态的公园环境

⑥ 现代与历史并置

在保护延续历史文脉的同时，思考以并置的方式建设当下城市，历史和现代的同时存在提供了人文、艺术、时尚生活……

⑦ 水云间

拓展空中商业价值,利用沿江景观优势,建立体验式高端艺术商业模式,在购物、休闲、生活的同时,尽享夜上海的浦江盛景!

⑧ 林隐堂

层峦之中,体现高密度下人与自然和谐共生的人文意境。

⑨ 山间会所

憩于山林,体验办公之外的写意生活。

⑩ 山水建筑

以中国山水之意蕴,建构现代都市。

一线江景

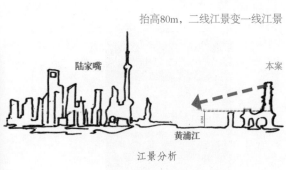

抬高80m,二线江景变一线江景

陆家嘴

本案

黄浦江

江景分析

■ 地下商业（时尚生活广场、商业街、生活超市、停车场）

■ 地面商业（大型购物中心）

■ 提篮坊商业街区（餐饮、娱乐、时尚活动）

■ 空中商业（沿江舞台、影空影院、品牌体验店、高端商务中心、艺术馆）

■ 大型企业办公   ■ 空中商务会所

■ 企业总部办公   ■ 停车场

■ 中小型企业办公

■ 停车   ■ 商业

■ 办公

240m

120m

80m

办公 商业

10m 城市公园 10m

停车 商业 停车 城市标高

商业 地下广场 商业

停车 停车 地下5层

功能分布

60 000m²

50 000m²

30 000m²

160 000m²

90 000m²

390 000m²

面积配比

152

立体山水 南京高铁站大拇指广场

时 间：2011年5~8月

地 点：南京高铁站前"CBD"中轴线左侧

事 件：立体山水的多种演绎。

项目基地：紧靠南京高铁站，处于高铁站站前CBD中轴线左侧。总用地面积约6公顷，共六块地，容积率4.0~4.2不等，控高80米。总建筑面积约50万平方米。

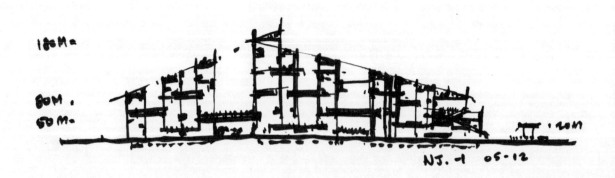

策 划：

集SOHO、办公、酒店、餐饮、娱乐于一体的城市综合体。商业业态，以自我配套为主，兼顾城市使用。

项目历程：

值得一提的是，南京高铁站前"CBD"是一个典型的"大楼城市"的规划：横平竖直的街道，把地块切成1万~2万平方米的小地块。证大所获项目，就是互相独立、六个均小于1.5万平方米的地块。它们各有各的土地证，分割它们的是城市道路。因此，虽是一个较大的项目，实际是六个独立的小项目。

证大当然希望6个地块统一考虑，相信国土部门也会理解。因为，规划确定的事实是：地块小，容积率高，若不统一考虑，就几乎是六个同样的东西码在一起。如果仅仅在形式上、功能上做些变化，恐怕不能算在根本上作统一考虑。因为，所谓统一考虑，是城市意义上的，而不是建筑或大楼意义上的。

但是，基于既成地块互相独立、指标独立，以及夹在中间的城市道路，统一考虑到何种程度呢，这在当时很不确定，没人能给出确切答案，需要摸着石头过河。甚而容积率都在4.0~4.2之间，控高80米，相差无几。所谓统一考虑，可否6个地块间互相调整，但保持整体平衡？或者，协商取消部分内部城市道路，6块地变成3块地？……想法可以很多，但无法确定。

因此，这注定了前期研究的多方向性，而且基础条件会不一样，基础分野只有两个，即：①遵循6地独立现实；②尝试用地统一。作为房地产开发，前者，常用；后者，不常用。

在这样的基础考虑之上，出了多个方案。

方案一"玉城"

遵循六地割裂的规划现实，但考虑容积率的整体平衡。这就是说：按照"大楼城市"的规划、做大楼城市的建筑设计。所有的力气用在如何弥补、改进"大楼城市"的缺陷方面。当然，按照"微型城市"的思想标准，只有某种意义上的"城市设计"（Urban design），也就是建筑群设计。总平面功能只能是"分区"的了，或者说有所侧重。

如此，功能布局几乎是不二选择：酒店、集中商业放在北侧左右2地块；办公、部分商业放在中间2地块；SOHO、少量商业南端2地块。

既然容积率整体平衡，因此，结合高铁站的视线（地块离高铁站非常近！）、自然日照和采光要求、分期滚动开发需要，大的"山"字形竖向布局也就自然而然形成了。

所有关于"微型城市"的理念，包括复合功能等概念，只能在一个楼里考虑，比如：

①中间的高楼里，就有大公司所需大型的办公，也有SOHO，提供给大公司中层以上干部；

②大楼里可以有统一的会议中心和服务中心，放在大楼的3-4层，并和地面商业结合，形成互相连接的立体商业服务网络。

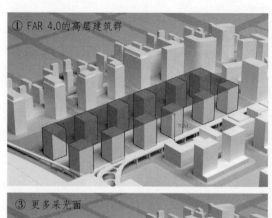

① FAR 4.0的高层建筑群

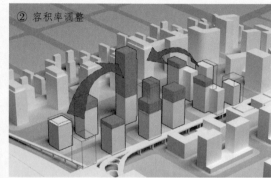

② 容积率调整

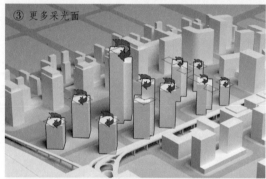

③ 更多采光面

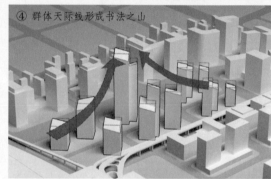

④ 群体天际线形成书法之山

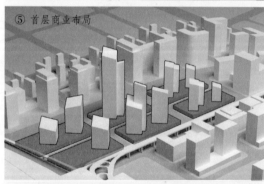

⑤ 首层商业布局

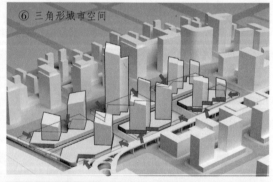

⑥ 三角形城市空间

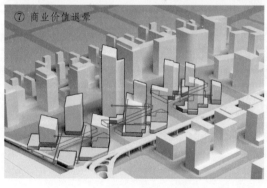

⑦ 商业价值退晕

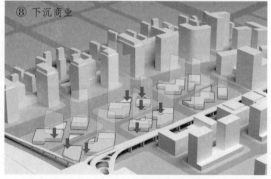

⑧ 下沉商业

⑨ 上浮商业
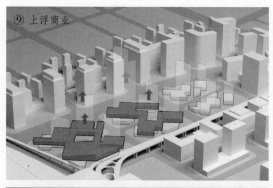

⑩ 商业立体街道
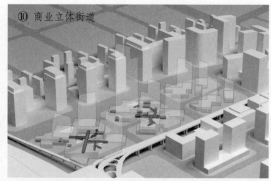

⑪ 空中连廊
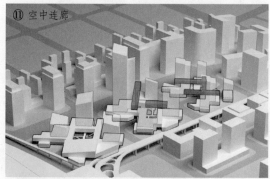

⑫ SOHO、企业办公的形态
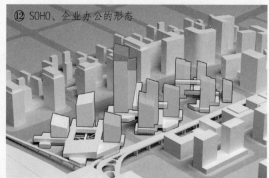

⑬ 空中居所（办公）
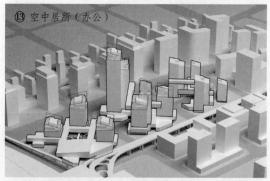

⑭ 公共空间进驻

⑮ 立体园林
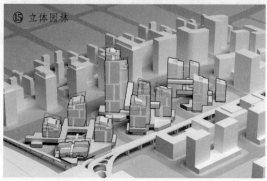

③ "大胆地"在50米、80米、100米高处，设空中连廊连接大楼，使大楼之间以空中的公共中心连成一片。

④ 大楼里设立一定量的公共空间，上下呼应甚至贯通，直至每个楼的顶层。

⑤ 最后，大楼以45°角布置，以达成大楼底部街道空间的收放变化，以及高楼上部的城市形象，和周边有所对比。加之南、北低，中间高的整体布局，形成强烈的整体性、可识别性。

模型

　　这个方案看起来很一般，缺乏大特色。因为，它受制于上位规划和管理的隐形控制，用建筑手段，改进规划缺点，显然难有形象上的"奇效"。但是，很实用、实惠。所有的"创新"，都在内部深处，从外面难以知晓。

方案二 叠石

　　和方案一大意相同，但建筑语言上有所不同，其核心思路是：既然不能直接将设计聚焦在微型城市上，那就走另外一条道，把设计聚焦到更小的功能块上，然后由功能块聚集成微型城市，其间不违背规划上的"大楼"原则，无报批之虞。

　　①将大楼做有限的变体，不是直上直下，而是下大上小。这和高楼电梯人流分高区和低区，提高电梯的效率是一个道理，就是功能空间尽量往低区（80米以下）范围，这个范围，布置小公司办公；而80米以上，则布置大公司的功能空间，量也小下来。这个竖向功能分布，导致大楼有多向很多退台，增加户内外的沟通，也消除了大楼的固定外轮廓。

　　②按照复合城市的意图，一个楼并非单一功能。营造复合的办公生态。在城市意义上，尝试"功能透明"的设计。就是说，建筑外部，大公司还是小公司或SOHO都有其识别性。这在建筑立面上形成"小石头上累中石头，中石上累大石"的叠石效果。

　　由此，将整体性、独特性、报批、理想等，"极其困难"地统一在一起。

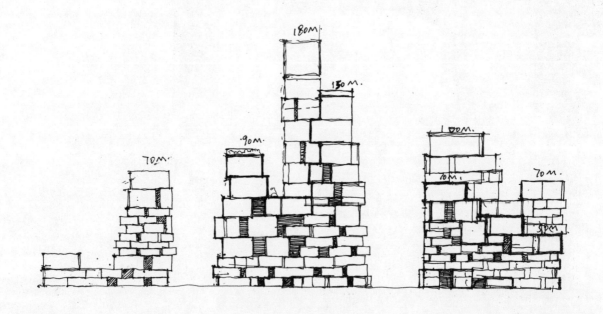

方案三 龙城

　　这个方案沿用了板式建筑的基本思路。因为，这个以板楼为基础的做法，在简单的建造逻辑和丰富复杂的外部呈现之间，有着无可比拟的优势。对应本案的功能，也非常恰当。唯一大的挑战是，方案将项目中间那条南北路取消掉了，这就把项目变成3个地块的项目，这当然有其合理性，无需多言。但是否被政府认可，那就看你怎么沟通了。

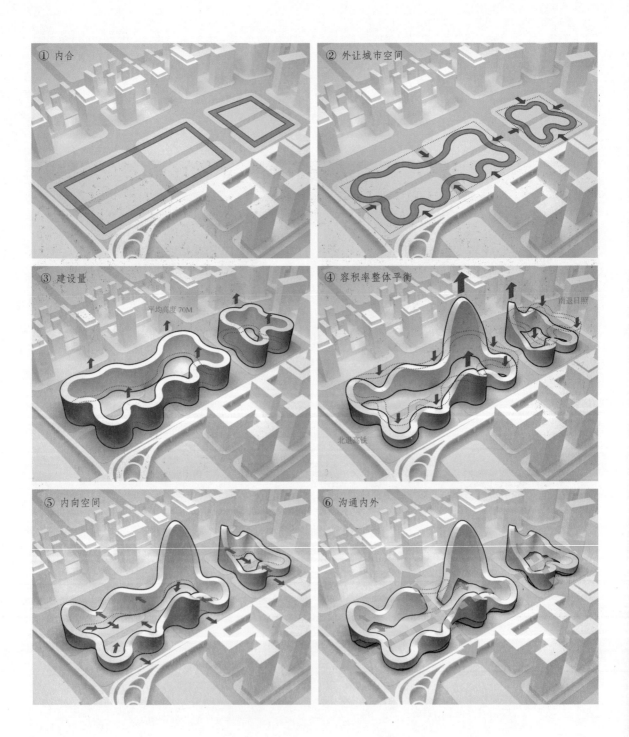

① 内合

② 外让城市空间

③ 建设量

平均高度 70M

④ 容积率整体平衡

南退日照

北退高铁

⑤ 内向空间

⑥ 沟通内外

170

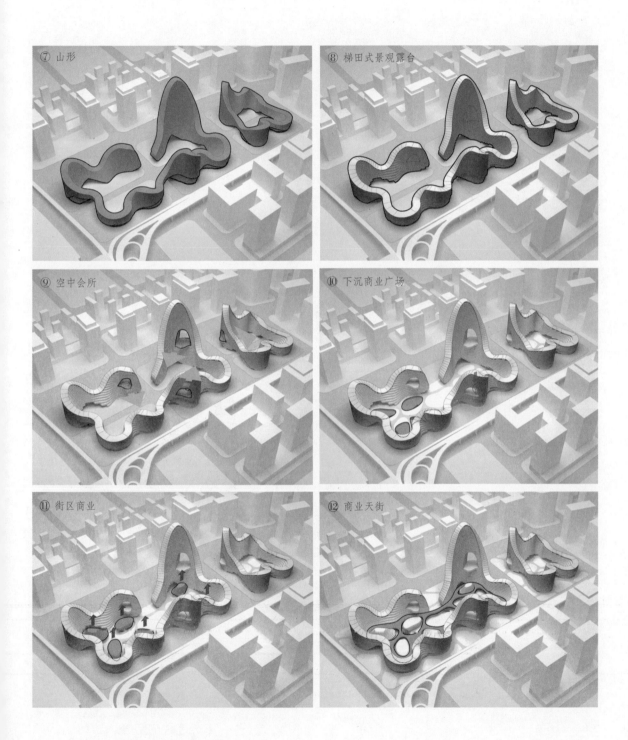

⑦ 山形
⑧ 梯田式景观露台
⑨ 空中会所
⑩ 下沉商业广场
⑪ 街区商业
⑫ 商业天街

文化寓意

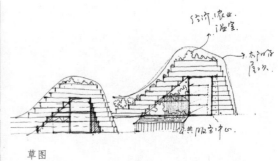

草图

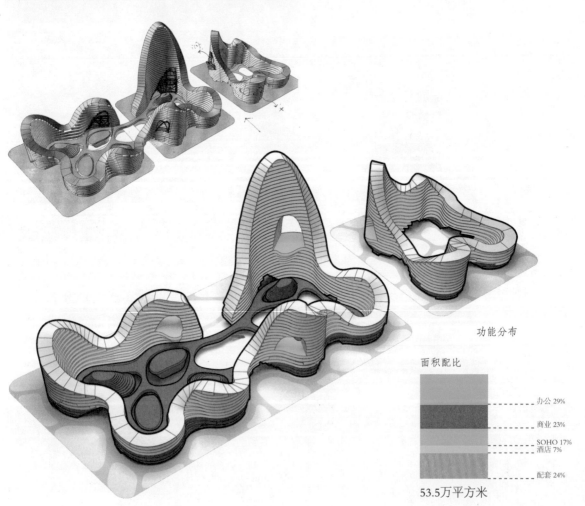

功能分布

面积配比

办公 29%
商业 23%
SOHO 17%
酒店 7%
配套 24%

53.5万平方米

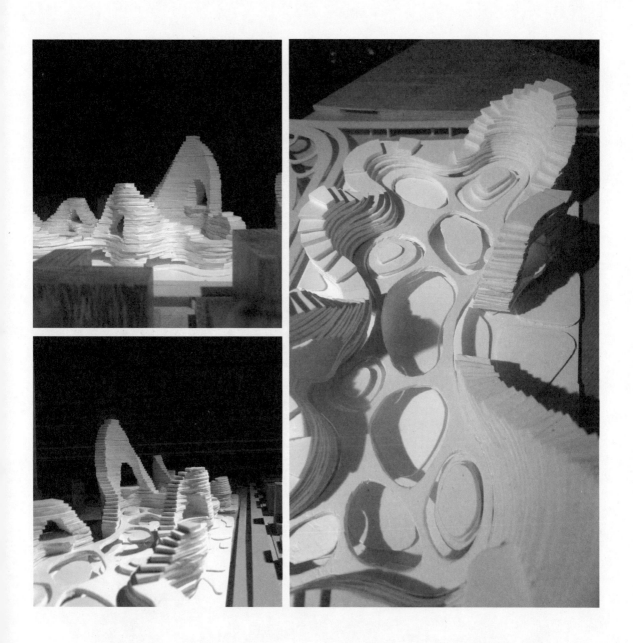

方案四 山影

　　既然已经有了那么多简便易行的方案做底子，那么还可以提供一个更加畅想的方案。那就是痛痛快快按照微型城市的思路去做，但很难满足当今的报批要求。而真正要做的是，提供给城市一个完美的城市空间、场所。以城市对城市，而不是以建筑对城市。然后和政府一起协商。

　　因此，为什么不可以考虑在城市地坪之上，30米高处另设2层高约10米平台层，其功能是作为大拇指广场功能区的公共服务中心，以及"空中地面"；30米以内，是城市意义上的商业和城市广场，并将此大型城市空间延续到地下一层和两层的商业，形成立体的城市广场。给这个约40米高程（地上30米，地下10米）的立体广场，配上应有的树木、花卉、景观、灯光、活动空间、设施，它是一个真正的大型"城市客厅"。这里可以有所有你想得出来的城市活动！比如大型线上线下互动的时尚演唱会、发布会等……这里当然会有超量的吸引力和人气，因为它独一无二的规模和丰富性。而这一切，从根本上支持了上部的大拇指广场的功能区。

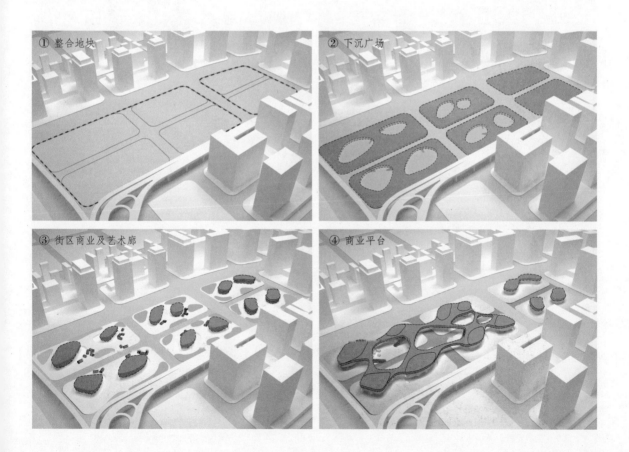

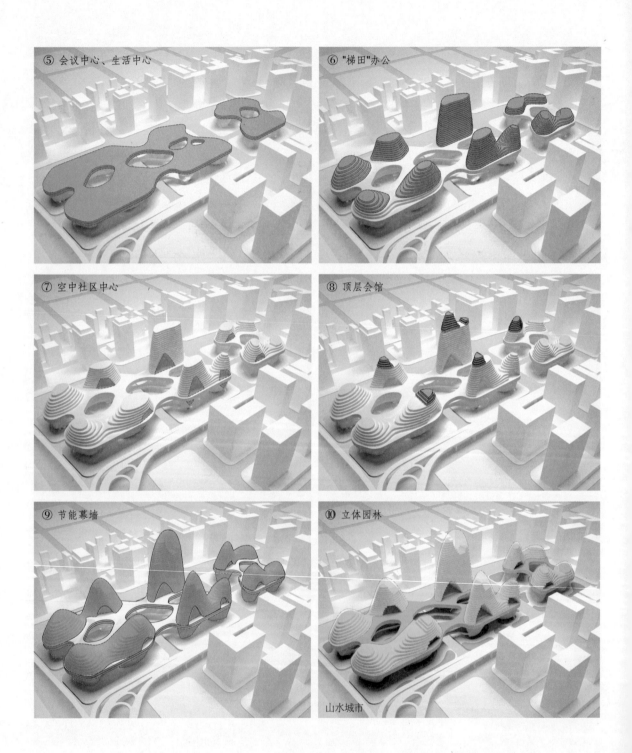

⑤ 会议中心、生活中心

⑥ "梯田"办公

⑦ 空中社区中心

⑧ 顶层会馆

⑨ 节能幕墙

⑩ 立体园林

山水城市

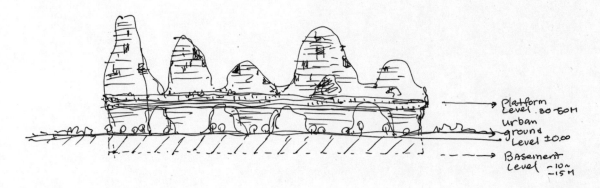

Platform
Level .30~50M

Urban
ground
Level ±0.00

BAsement
Level ~10~
~15 M

草图

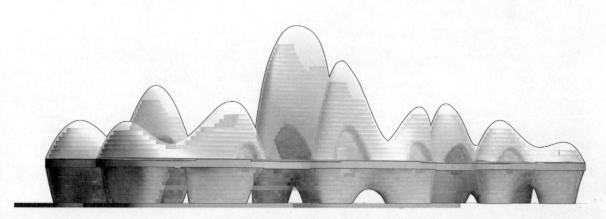

水韵山影

181

工作模型

倒置之城 济南姚家镇大拇指广场

时　间：2012年
地　点：山东济南姚家镇
事　件：小型微型城市的新做法
项　目：西侧紧靠公园，南侧是居住小区，北侧
　　　　是解放东路。总用地面积约5公顷。容积率4.0，
　　　　控高100米。总建筑面积约25.1万平方米。

策 划:

集SOHO、办公、酒店、以及包括餐饮、娱乐、购物于一体的城市综合体。商业业态,以自我配套为主,兼顾城市使用。

设计思路和方法:

微型城市,作为一个项目,可能也就约25万平方米的一个小型综合体。但是微型城市作为一种设计理念,却不限于具体规模。

本案的解决思路:

在总平面上延续大拇指广场的基本空间格局,即四周是商铺和主力店结合,营造一个内聚性广场;而高处,则是办公和酒店等设施。

所不同的是:这些高楼并非如通常的底商住宅或底商办公一般,底部连接,高楼独立。我们考虑的是,高楼与高楼之间,可以有一体化的集体空间为高楼服务,并且,这些集体空间连接这些高楼。这样,高楼就成为一个或两个超大的"大楼"——"微型城市"。

更有甚者,这些"微型城市",当然,因为地面商业而获得方便的商业服务,但是这些商业是公共的、是针对城市的。为此,我们安排它们的屋顶成为一个立体的、集体的带状大花园,配上项目配套中的会议中心、咖啡茶室以及如游泳池等运动设施,成为项目专属的集体"空中客厅"。如此,办公和居住于此的人们,拥有屋顶和地面两重不同类型的公共服务,带来了特殊的体验。

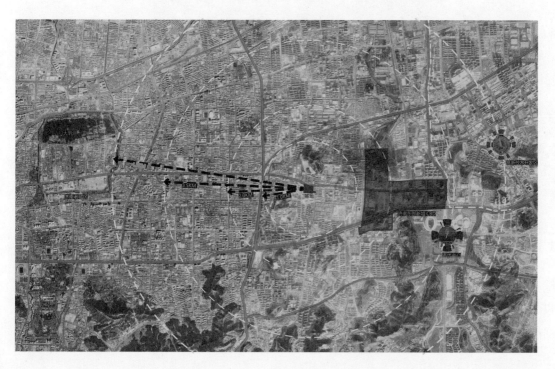

经济技术指标

总用地面积：5.02万平方米

可规划建设用地：4.59万平方米

总建筑面积：25.86万平方米

地上建筑面积：18.36万平方米

地下建筑面积：7.5万平方米

容积率：4.0

建筑密度：40%

绿地率：20%

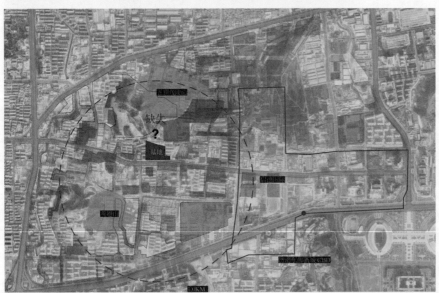

保护林地 居住区 学校 商业

　　由此对入驻的公司和居住者们，造成了一个颠倒的情形，即地面是进入（离开）的门厅，而顶部才是可以悠闲停留、活动交际的"集体客厅"。这种形态和功能关系，就像房子颠倒了一样。通过对顶部花园的重新定义，修改了人们对于高处的认识和体验。

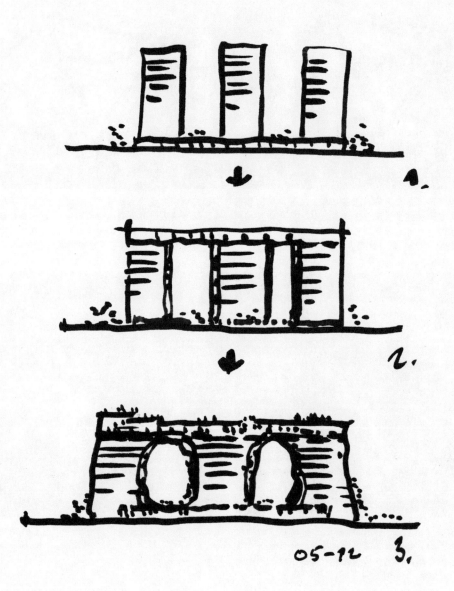

1.

2.

05-12 3.

结合主要城市道路（解放东路、浆水泉路），开设吸引外部人流进入的城市广场和主要商业街道的入口，而在南面相邻社区处街口做同样设计。服务周边居民的次要商业广场和步行街道，可使整体商业广场设计拥有合理的商业动线

下沉式商业广场为到达者在停车之后提供了易于辨识的场所感，既可使人流顺利进入中心商业广场，体验整体浓烈的商业氛围，亦将商业价值向地下延伸，以便多层次的商业空间得以实现为使用者创造出多维度的体验机会

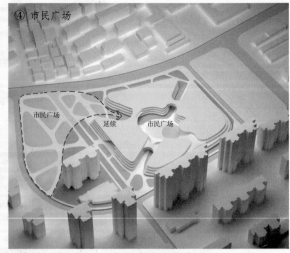

两种不同商业类型并存，很好地解决了不同功能空间的需求，而最为主要的是鉴于南北方的气候差异。济南地区户外活动的舒适时间较短，故应考虑多类型的业态以适应四季变化对商业活动的影响

借助于空间的下沉和上浮，将中心演艺广场立体化分为三个层次，同时以LED等声、光、电技术，一改以往传统的商业广场形态

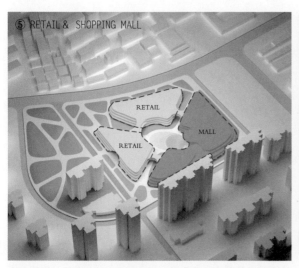

⑤ RETAIL & SHOPPING MALL

RETAIL

RETAIL

MALL

商业屋顶以阶梯式地貌设计为该区域市民提供开放活动、时尚艺术、休闲娱乐的都市生活，同时享有自然、生态的公园环境

⑥ 立体观演

地面秀场

（二）天空影院

下沉剧场

将项目西侧现有的市民广场的概念引入整体项目，使大拇指广场成为一处真正的对市民开放的休闲娱乐场所，这也是为什么将主要的广场空间分布于此的原因

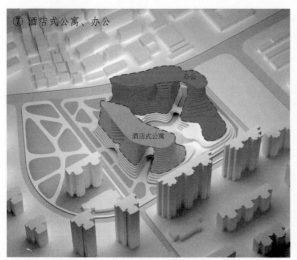

⑦ 酒店式公寓、办公

办公

酒店式公寓

高容积率和南侧现有居住日照双重影响下，以高密度的方式解决公寓、办公空间采光、景观等多重问题，权衡之下以板式为主，偶有间隙或断式连成其独特的建筑形态，并以"梯田"的方式使每户拥有户外绿色空间的机会，同时，整体显现出山形层叠之感

⑧ 空中邻里中心

公共生活、功能的填充，使其更好的联系了相邻功能和空间，成为联系的"热桥"，且丰富了办公、居住之余，成为邻里的"热点"

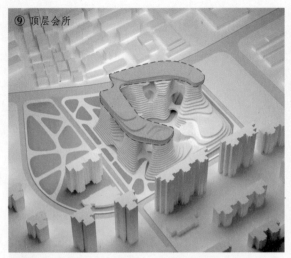

⑨ 顶层会所

⑩ 私家公馆

酒店式管理统管办公和公寓，为使用者（业主）提供高品质的服务，同时，亦使公寓、办公的品质有所提升，享有除单一办公、居住之外写意生活

利用顶层独特的空间优势，以平层式、户型式跃层设计为业主提供3600全景物业

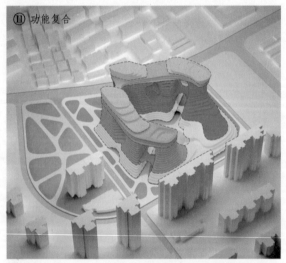

⑪ 功能复合

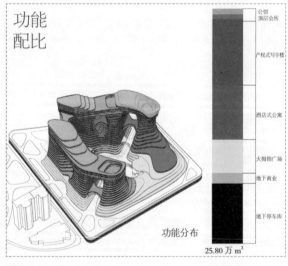

功能
配比

功能分布

25.80万 m²

公馆
顶层会所

产权式写字楼

酒店式公寓

大拇指广场

地下商业

地下停车库

▨▨▨ 大拇指广场　▨▨▨ 酒店式公寓　▨▨▨ 办公　▨▨▨ 顶层会所　▨▨▨ 私家公馆

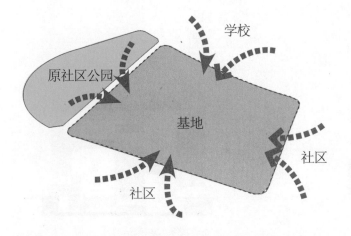

社区商业中心

区域规划中，本地块周边1公里范围内多以居住为主，且有两个院校，人群生活需求迫切，但当下缺少供市民生活、休闲、娱乐等活动以社区的商业中心。

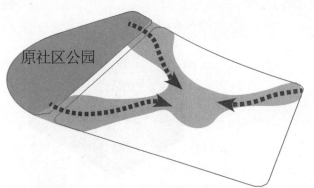

时尚、文化、艺术中心

将现有社区公园及服务功能引入整体项目，以开放的姿态容纳多元的市民活动，使其成为该地区真正的社区中心。

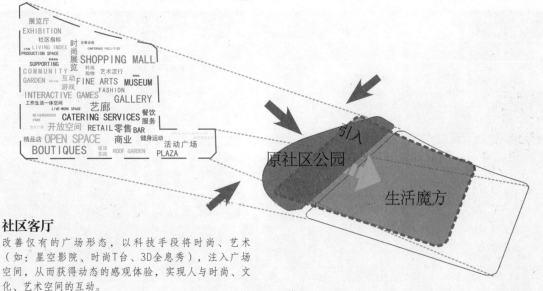

社区客厅

改善仅有的广场形态，以科技手段将时尚、艺术（如：星空影院、时尚T台、3D全息秀），注入广场空间，从而获得动态的感观体验，实现人与时尚、文化、艺术空间的互动。

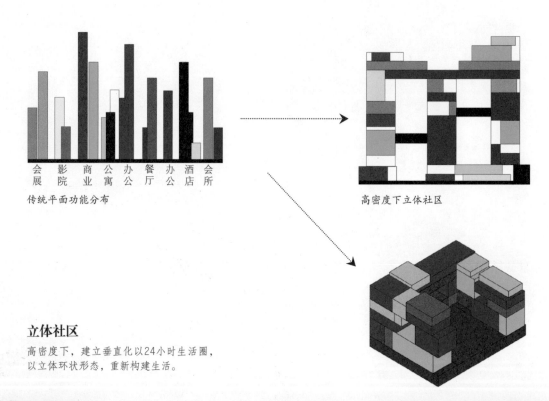

会展 影院 商业 公寓 办公 餐厅 办公 酒店 会所

传统平面功能分布

高密度下立体社区

立体社区

高密度下，建立垂直化以24小时生活圈，
以立体环状形态，重新构建生活。

时 间：2012年
地 点：山东济南高新科技园区
事 件：社区客厅
项 目：项目紧靠凤凰路、旅游路。用地面积约
3.74公顷。容积率3.0，总建筑面积约16
万平方米。

策 划：

济南高科园区，本场地附近2公里范围，已建成和在建住宅面积超过200万平方米。但是，由于人们热衷于建设住宅，本地块尚未启动开发。这是一个典型的社区商业项目，为大量即将进驻的居民提供购物、餐饮、娱乐等社区服务，并配有SOHO、办公、酒店等设施。从远期看，它也兼顾了城市使用。

在高新科技园区的商业核心区轴线南端设立商业重心，服务南侧大量的居民社区，同时辐射北侧核心区域。大拇指广场用地正处于该商业重心之中与凤凰路和旅游路两侧用地共同构成该区域商业圈。

┅┅┅┅ 居住区　▓▓▓▓ 学校　▓▓▓▓ 商业金融

经济技术指标

总用地面积：6.32万平方米

可规划建设用地：3.74万平方米

总建筑面积：16.83万平方米

地上建筑面积：11.22万平方米

地下建筑面积：5.6万平方米

容积率：3.0

建筑密度：50%

绿地率：20%

设计思路和方法：

　　社区商业，往往是二三线城市居住区最缺乏、往往也是重视不够的项目。实际上，如果缺乏丰富、优质的社区服务，住宅本身即使再豪华、再优美，生活本身也会大打折扣。证大十年前曾成功开发上海浦东联洋新社区的社区商业——大拇指广场，大大提升了联洋社区的生活品质。本案的目标是改善早期大拇指广场的不足和欠缺，自我提升，成为"升级版"的大拇指广场。

　　做升级版本，核心思路是以"微型城市"角度，重新审视社区服务功能的配置方法，充分认知它在城市中的黏合作用。微型城市，作为"城市黏结剂"，黏结的是城市功能和形态上的"碎片"。这不仅是城市规划意义上的，也是商业意义上的：前者是学术意义，后者是商业价值。

　　因此，凤凰路大拇指广场，以"山影泉涌"的主题，除了对功能细化策划外，还对它作为一个微型城市本身的空间、形象、景观做全方位整合，达到切合地形、塑造场所感、增进体验、强化城市文化的综合要求。我们所要做的，是能给居民带来具有独特生活体验、明确心理认知的城市公共客厅。

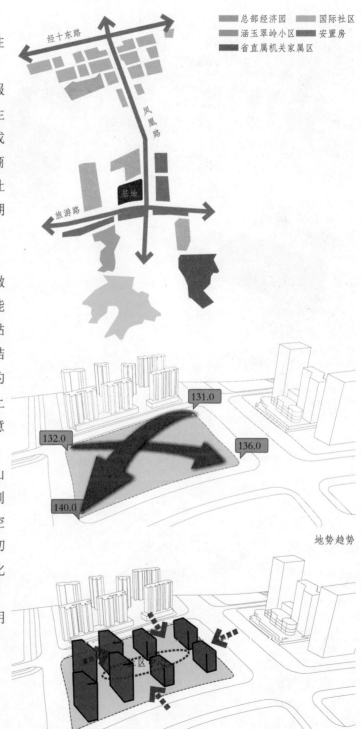

地势趋势

人气增强

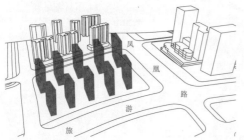

拒绝"自然"

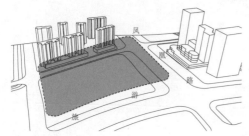

完全"自然"

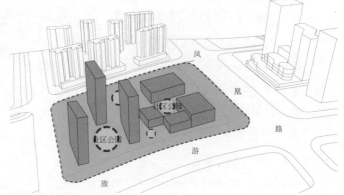

融于"自然"

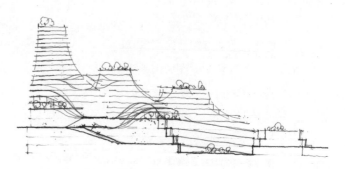

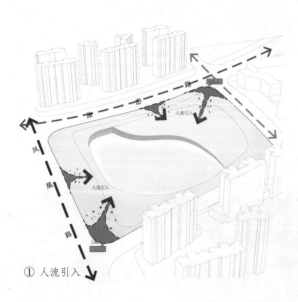

① 人流引入

② RETAIL &
SHOPPING MALL

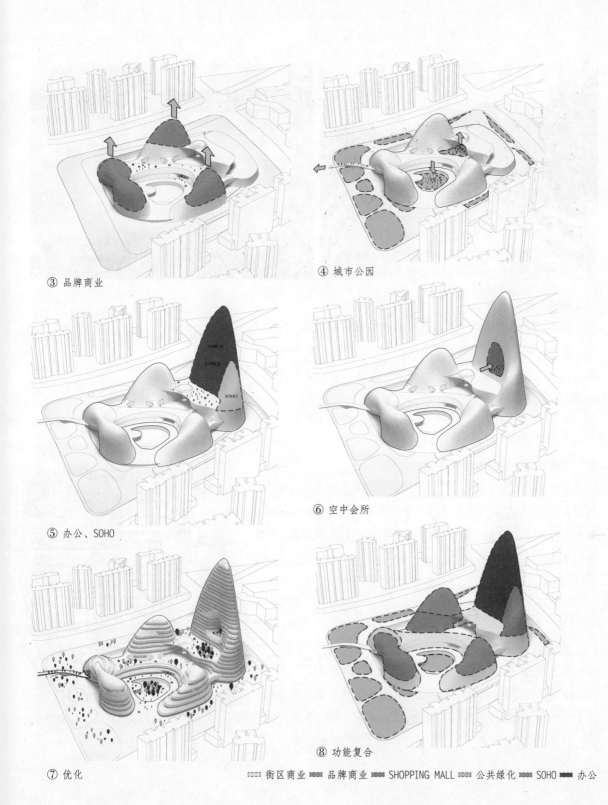

③ 品牌商业

④ 城市公园

⑤ 办公、SOHO

⑥ 空中会所

⑦ 优化

⑧ 功能复合

▨▨ 街区商业 ▨▨ 品牌商业 ▨▨ SHOPPING MALL ▨▨ 公共绿化 ▨▨ SOHO ▨▨ 办公

山　泉

泉城文化的传承

　　山、泉、湖、河、城是大自然对济南的厚爱和恩赐，在城市里，每百米见方就有一眼泉，南有山，北有河，是典型的山水城市。山、水、泉是最具可读性的城市意象。在大拇指广场的设计中，也必须要紧扣这个主题，凸现"清泉石上流"、"一城山色半城湖"、"城在山水间，人在画中游"的意境。

"集雨器"——雨水利用

　　雨水属于优质杂排水，处理方法简单，利用屋面天沟排水系统收集雨水，再经过雨水泵站将收集的雨水输送到地埋式沉淀过滤池进行处理，经过处理的雨水完全可以代替自来水使用。收集的雨水还可以用来灌溉屋顶的绿化种植，有效降低建筑温度，降低空调能耗。从长远看来，济南气候冬、夏两季温差大，年降水量分布不平均，充分利用雨水资源是非常值得提倡的。

"蚁穴"——自然通风

　　观察和研究自然界的生物，将会给我们极大的启发。模仿蚁穴的原理，利用玻璃中庭的拔风效应，形成室内外的空气循环，为室内提供新鲜空气有利于人们的身体健康，同时改善室内采光，有效实现被动式制冷，减少对空调的依赖，节约能源。

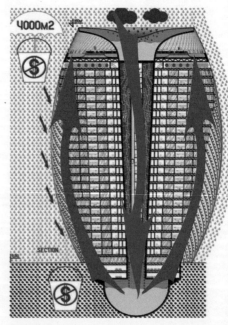

雨水利用

210

湖

城 河

文化的传承

自然通风

地铁上城 上海浦东唐镇大拇指广场

时 间：2013年1月

地 点：上海唐镇新市镇，高科东路与唐陆公路交口

事 件：交融的城市

基 地：项目四周界：唐陆公路、高科东路、齐爱路。
　　　　总用地面积约5.63公顷。容积率2.5，控高100米。
　　　　地面总建筑面积约14万平方米。

策　划：

集SOHO、办公、酒店并包括餐饮、娱乐、购物于一体的城市综合体。

商业业态：区域商业中心，兼容社区服务。

项目概况：

基地东接金桥出口加工区，西邻张江高科技产业园，南望迪斯尼乐园，北依唐镇高端别墅区以及周边拥有的大规模社区用地，这一形势告诉我们本案看似是一个社区商业中心，实际拥有区域中心的地位和潜力。同时，轨道交通2号线在唐镇设有双地铁站（唐镇站和创新中路站），而本案正位于唐镇站上方，俗称"地铁上盖"，这使本案成为不可多得的商业用地。不仅如此，从地理位置和发展策略看，唐镇大拇指广场用地无疑是唐镇区域发展的核心地块，其价值不言而喻。南面紧邻上海最早的教堂——路德圣母教堂，这就自然提出了历史、文化的传承和发展问题。因此，"国际时尚、中西融通"成为本案的八字策划方针。

本案的解决思路：

统观四周——西侧的沿河绿地，南侧历史深远的教堂和迪士尼乐园，东西未来发展的商业轴线，周边的社区，地下已经建设并运营的地铁站及下沉广场——这些重要元素将使唐镇大拇指广场成为文化融合的国际时尚载体，成为满足办公、生活全方位需求的24小时生活圈。

①时尚街区：以路德圣母教堂为核心，融婚礼庆典、游船码头、酒店、餐饮、娱乐多功能于一身的花园式国际会客厅。

②商业广场：以高科东路与基地西侧河道所形成的半圆形区域为多元的体验式商业广场。不仅自身有游船码头，生态购物园及各种秀场等主题功能，也是南侧时尚街区的向北延伸与交融。

③植物园和迪士尼主题：利用现有的地铁站地下广场，形成三面围合并向天空收紧的"穹顶"式商业空间。内以植物园为主题，营造消费以外的自然感受，同时又以迪士尼主题秀场附加，与上海迪士尼乐园南北相应。

④垂直农场：在几座高层的顶部和层层而退的梯台上建立垂直农场。以集约、高效、环保、安全的理念将农业与现代城市相黏合，满足日常所需，建立真正的新陈代谢系统。

⑤城市公园：将西侧河岸绿地与起伏的商业屋顶绿化相结合，形成整体的空中城市公园，为市民提供各种活动的可能。

⑥坏桥：由西侧滨河绿地，西南角商业广场，南侧路德休闲广场为出发点，以环状浮桥向中心汇聚，于"穹顶"式商业中心空间处形成立体交叉式的环形垂直交通，直通地面和地下，将原本分隔的人流进行多维度融通。

⑦天街：于不同高度连接商业与办公，形成商务性的商业场所，消解两者间的界限，为商业、办公一体化生活提供了极大可能。

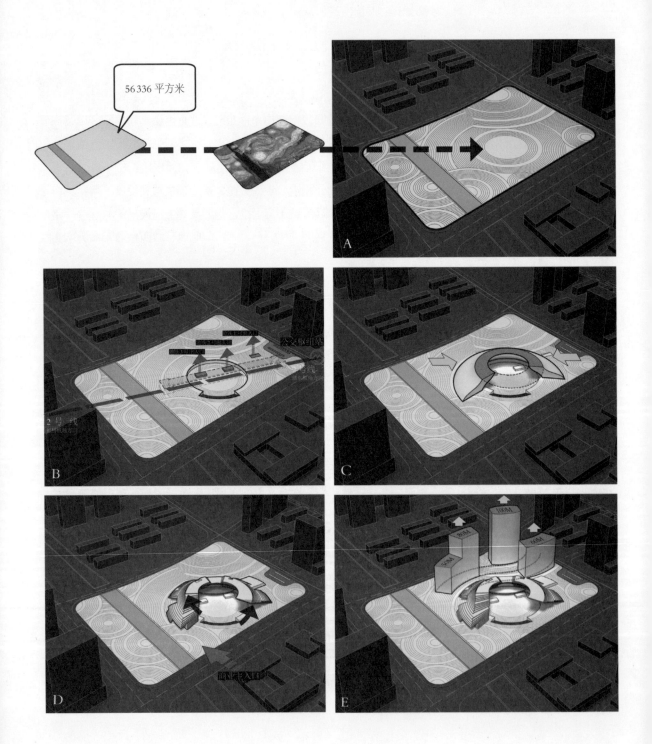

56 336 平方米

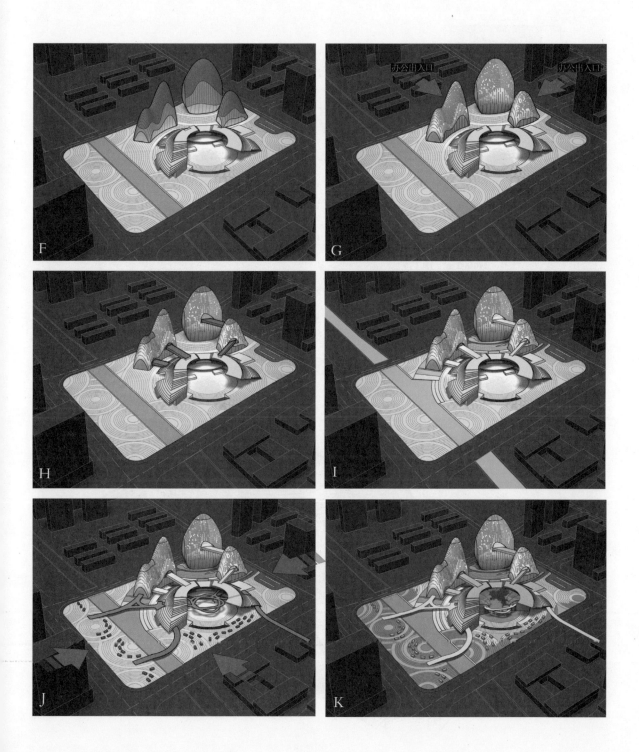

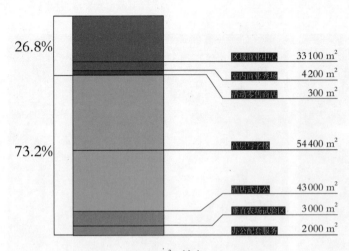

26.8%

区域商业中心　　　33 100 m²
室内商业秀场　　　4 200 m²
活动零售商店　　　300 m²

73.2%

高层写字楼　　　54 400 m²

酒店式办公　　　43 000 m²
垂直农场试验区　　3 000 m²
办公配套服务　　　2 000 m²

功能复合

140 000 m²（地上）

100 000 m²（地下）

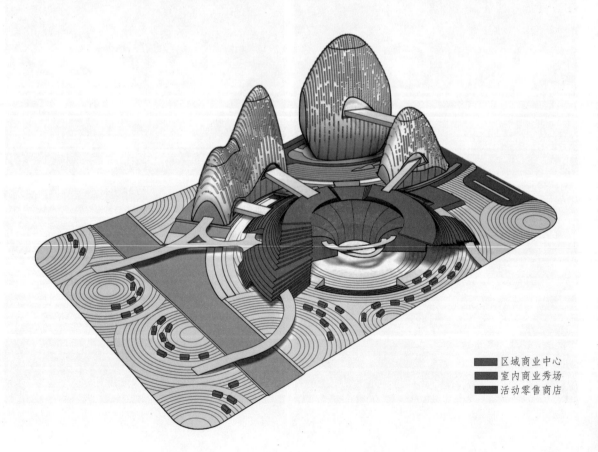

区域商业中心
室内商业秀场
活动零售商店

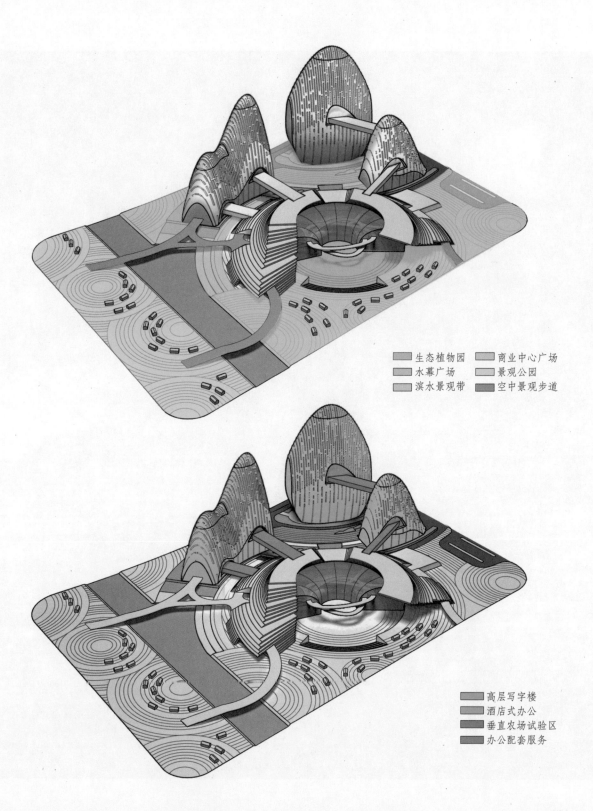

生态植物园　　商业中心广场
水幕广场　　　景观公园
滨水景观带　　空中景观步道

高层写字楼
酒店式办公
垂直农场试验区
办公配套服务

跋

末了，还有几句话要交待一下。

戴志康先生先是人民大学财政系国际金融专业出身，然后又在中国人民银行五道口研究生院研究生毕业。那是个赫赫有名的地方，出了许多重要人物。但是他在许多场合只说他自己是个商人，意思就是做生意的人。可事实上，大家都知道他是个横跨多个领域的战略投资家。而仅就其十几年来所从事的房地产而言，涉及开发、建筑、城市、艺术等许多方面，坚持不懈地践行"房亦载道"的理念，起点高，名气大。志康和别人不同的是，他深度关注并悉心研究建筑和城市及其背后的文化内涵，并且有着独到的观察和深刻的见解。同时他又心怀大理想，不同于一般人。

我本人虽然是清华大学建筑系所谓"科班"出身，但是自1994年博士毕业后，就离开学术界，成为一名实践建筑师。20年来，思考和实践，是我的基本事务。比照热闹非凡的中国建筑界，我倒是在不断的自我对话中获得宁静和思考的乐趣。因此，我既是一名积极的参与者，同时也是冷静的旁观者，所以，对城市建设的物质化、建筑学术的商业化保持着警觉。我坚信，对建筑师来说，坚持职业理想和学术精神，是多么的重要！

作为城市建设的参与者，这几年，志康和我对中国城市建筑的现状和未来有过一些探讨，也有许多共识，据此互相合作，共同探讨现实模式之外的未来城市的可能性。我们觉得要思考、探索能解决社会问题的方法，超越对狭义建筑艺术的迷恋。为此，我们做了一系列以山水城市、立体园林为主旨的"微型城市"的概念设计，并对当今城市建设的模式进行批判性的解析，探讨功能复合、空间集成的城市建筑理念。这些图纸上的微型城市设计，希望能探索中国文化精神中的人文理想，又要照顾到现实世界的方方面面。这次挑选了切合本题的部分，在此结集出版，供大家批评指正。

需要说明的是，书中呈现的这些探索性的设计方案中，为了叙述的需要，也纳入了多位国际著名建筑师为外滩金融中心项目所做的设计方案，并分别注明了作者。这些作者可能未必完全认同"微型城市"的理念。但我们相信他们一定考虑了证大所提出的设计任务书。因此，应该还是和本书主题相契合的。

由于都是实际项目，因此，这里呈现的设计，除了"廊坊立体城市"可算是理论性的设计外，大多是以可实施性为前提的，因此，它们不是上世纪50年代"建筑电讯团"（ARCHIGRAM）般的畅想、天马行空。而是在理想和现实之间艰难行走的"困难的综合"。关于这一点，实践建筑师都知道，综合与平衡，是一切创意的前提。我们绕不开一切现实世界的种种限制，哪怕你对这些限制本身的合理性深表怀疑。

然而即使如此，在当今严重滞后城市规划管理模式下，若要使这些设计成为现实，还得花费大量的功夫。而且，作为房地产开发来说，还必须斟酌建造技术、成本、周期、效益等实际问题。但是，我们觉得，即使是8折、对折得以实现，那也令人欣喜。常言道："法乎其上，得乎其中。"至少我们愿意改进我们的城市，并为之付出努力。我们都是上世纪60年代生的人，或许多了一点理想主义。可是，反过来，现在的城市开发建设，是不是过于现实了呢？

我们的确应该考虑未来。常常，人们会觉得未来是很遥远的事情，可事实是：未来就在眼前！

2013年春三月

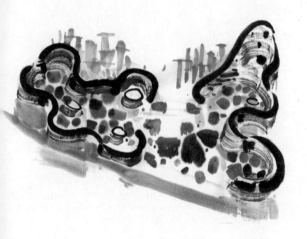